宏程序

在数控编程及控制中的应用

蒙斌 著

U0231349

化学工业出版社

·北京·

内 容 简 介

《宏程序在数控编程及控制中的应用》介绍了宏程序应用基础、宏程序在非圆曲线车削编程中的应用、宏程序在数控车削简化及优化编程中的应用、宏程序在数控铣削编程中的应用、宏程序在数控铣削简化及优化编程中的应用。为了让学习者理解和掌握宏程序指令的编程格式及应用方法，每个知识点均安排有例题；程序的执行过程均用流程图加以诠释，便于初学者理解和掌握；为了方便读者看懂程序，关键程序段后均有程序注释。本书主要以 FANUC 0i 系统为例来介绍。

《宏程序在数控编程及控制中的应用》可作为从事数控加工编程的技术人员和科研人员用书，并可作为高等院校机械制造类、机电类、自动控制类专业学生的教材和参考书，也可作为各种数控职业培训的培训教材。

图书在版编目（CIP）数据

宏程序在数控编程及控制中的应用/蒙斌著. —北京：化学工业出版社，2021.6（2023.8重印）
ISBN 978-7-122-38837-7

Ⅰ.①宏…　Ⅱ.①蒙…　Ⅲ.①数控机床-铣削-程序设计　Ⅳ.①TG547

中国版本图书馆 CIP 数据核字（2021）第 056169 号

责任编辑：韩庆利　　　　　　　　　　　文字编辑：宋　旋　陈小滔
责任校对：边　涛　　　　　　　　　　　装帧设计：刘丽华

出版发行：化学工业出版社（北京市东城区青年湖南街13号　邮政编码100011）
印　　装：北京科印技术咨询服务有限公司数码印刷分部
787mm×1092mm　1/16　印张11½　字数256千字　2023年8月北京第1版第2次印刷

购书咨询：010-64518888　　　　　　　　　售后服务：010-64518899
网　　址：http://www.cip.com.cn
凡购买本书，如有缺损质量问题，本社销售中心负责调换。

定　　价：49.80元　　　　　　　　　　　　　　　　　版权所有　违者必究

前言

随着数控技术的发展，先进的数控系统不仅向用户编程提供了一般的准备功能和辅助功能，而且为用户提供了扩展数控功能的手段，宏程序功能就是各种数控系统加工编程的重要补充手段。宏程序功能是当前大多数主流数控系统所具备的。系统掌握和应用宏程序功能，能提升数控编程能力和扩展数控机床的控制功能。

由于宏程序是一种基本编程指令之外的高级语言，所以掌握和使用起来有一定的难度，很多使用者并不知道宏程序设计的原理。受这种因素的影响，目前数控从业者在进行数控编程时，对宏程序的使用率不够高，没能充分发挥数控系统所提供宏程序功能的价值和优越性。

本书力求宏程序编程及应用内容的介绍层次分明、由浅入深、图文并茂、易学易懂。为了让学习者理解和掌握宏程序指令的编程格式及应用方法，每个知识点均安排有例题，每个例题均有编程思路的分析；每个程序的执行过程均用流程图加以诠释，便于初学者理解和掌握；为了方便读者看懂程序，关键程序段后均有程序注释。

考虑到目前学校和企业使用的主流数控系统为 FANUC 系统，本书主要以 FANUC 0i 系统为例来介绍。

本书由宁夏大学蒙斌编写，在编写过程中查阅了大量资料，并结合了作者多年从事数控技术教学科研的实践和思考，但由于时间仓促和作者水平有限，书中疏漏在所难免，恳请读者不吝指教。

著　者

目 录

第1章

宏程序应用基础

1.1 宏程序

在程序中使用变量，通过对变量进行赋值及处理的方法达到程序功能，这种有变量的程序被称为宏程序。宏程序是手工编程的高级形式。

宏程序指令适合抛物线、椭圆、双曲线等没有插补指令的曲线编程；适合图形一样，只是尺寸不同的系列零件的编程；适合工艺路径一样，只是位置参数不同的系列零件的编程；较大地简化和优化编程，扩展其应用范围。

宏程序的特点：①将有规律的形状或尺寸用最简短的程序表达出来。②具有极好的易读性和易修改性，编写出来的程序非常简洁，逻辑严密。③宏程序的运用是手工编程中最大的亮点和最后的堡垒。④宏程序具有灵活性、智能性、通用性。

宏程序与普通程序的比较：宏程序可以使用变量，且可给变量赋值，变量之间可以运算，程序运行可以跳转。普通编程只能使用常量，常量之间不能运算，程序只能顺序执行，不能跳转。

普通加工程序中指定 G 代码和移动距离时，直接使用数字值，如：G00 和 X100.0。而在用户宏程序中，数字值可直接指定或使用变量号（称宏变量）。当采用宏变量时，其值可在程序中修改或利用 MDI 面板操作进行修改。例如：

```
#2＝#3＋50;
G01 X #1 F100;
```

1.2 FANUC 0i 系统宏程序

FANUC 宏程序分为两类：A 类和 B 类。A 类宏程序是机床的标配，用 G65H＊＊来调用。B 类宏程序相比 A 类来说，容易简单，可以直接赋值运算，所以目前 B 类应用得比较多，本书重点以 B 类宏程序为例来阐述其具体应用。

1.2.1 宏变量功能

1. 宏变量的形式

变量的形式为变量符号＋变量号。

FANUC 0i 系统变量符号用♯，变量号为 1、2、3 等。当指定一宏变量时，用"♯"后跟变量号的形式，如：♯1、♯10。在计算机上允许给变量指定变量名，但用户宏程序没有提供这种能力。

宏变量号可用表达式指定，此时，表达式应包含在方括号内。例如：♯[♯1＋♯2－12]。

2. 宏变量的种类

FANUC 0i 系统的宏变量可以分为空变量、局部变量、公共变量和系统变量四类。

空变量：♯0。该变量永远是空的，没有值能赋它。

局部变量：♯1～♯33。局部变量只能在宏程序内部使用，用于保存数据，如运算结果等。当电源关闭时，局部变量被清空，而当宏程序被调用时，（调用）参数被赋值给局部变量。

公共变量（也称全局变量）：♯100～♯199、♯500～♯999。全局变量可在不同宏程序之间共享，在不同的宏程序中意义相同，♯100～♯199 断电后清除，♯500～♯999 断电后不被清除。

系统变量：♯1000 以上。系统变量用于读写 CNC 运行时的各种数据，如当前位置、刀具补偿值等。

局部变量和公共变量称为用户变量。

3. 宏变量的赋值

赋值是指将一个数赋予一个变量。例如♯1＝2，♯1 表示变量；♯是变量符号，数控系统不同，变量符号也不同；＝为赋值符号，起语句定义作用；数值 2 就是给变量♯1 赋的值。

如果一个宏变量没有赋值（无定义），则该变量被当作空变量。宏变量♯0 通常情况下是一个空变量，它只能读，不能写（赋值）。

（1）宏变量的取值范围

局部变量和全局变量取值范围为：$-10^{47} \sim 10^{-29}$，0，$10^{-29} \sim 10^{47}$。如计算结果无效（超出取值范围）时，发出编号 111 的错误警报。

（2）小数点的省略

在程序中定义宏变量的值时，可省略小数点。例如：

♯1＝123；

宏变量♯1 的实际值是 123.000。

4. 宏变量赋值的规律

① 赋值号"＝"两边内容不能随意互换，左边只能是变量，而右边可以是表达式、数值或者变量。

② 一个赋值语句只能给一个变量赋值。

③ 可以多次给一个变量赋值，新的变量将取代旧的变量，即最后一个有效。

④ 赋值语句具有运算功能，形式：变量＝表达式，在运算中，表达式可以是变量自身与其他数据的运算结果，如：♯1＝♯1＋2，则表示新的♯1 等于原来的♯1＋2，这点与数学等式是不同的。

⑤ 赋值表达式的运算顺序与数学运算的顺序相同。

5. 宏变量的引用

① 在程序中引用（使用）宏变量时，其格式为：在指令字地址后面跟宏变量号。当用表达式表示变量时，表达式应包含在一对方括号内，例如 G01 X ［♯1＋♯2］F♯3。

② 引用宏变量的值的符号，要把负号放在♯的前面。例如 G01 X－♯6 F100。

③ 被引用宏变量的值会自动根据指令地址的最小输入单位进行圆整。例如：

G00 X♯1；

给宏变量♯1 赋值 12.3456，在分辨率为 1/1000mm 的 CNC 系统上执行时，程序段实际解释为 G00 X12.346；。

④ 当引用未定义（赋值）的宏变量时，该变量前的指令地址被忽略。例如：

♯1＝0；

♯2＝null(未赋值)；

执行程序段 G00 X♯1 Y♯2；，结果为 G00 X0。

6. 宏变量值的显示

① 按偏置菜单钮 $\boxed{\substack{\text{MENU}\\\text{OFFSET}}}$，显示刀具补偿界面，如图 1-1 所示。

② 按软体键 ［MACOR］，显示宏变量屏幕。

③ 按 $\boxed{\text{NO}}$ 键，输入变量号，再按 $\boxed{\text{INPUT}}$ 键，光标将移动到输入变量号的位置。

当变量值为空白时，该变量为 null。

标记＊＊＊＊＊＊＊＊表示变量值上溢（变量的绝对值大于 99999999）或下溢（变量的绝对值小于 0.0000001）。

④ 使用限制。宏变量不能用于程序号、程序段顺序号、程序段跳段编号。如不能用

于以下用途：

```
O#1;
/#2 G00 X100.0;
N#3 Y200.0;
```

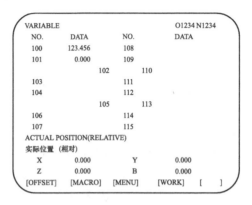

图 1-1　刀具补偿界面

1.2.2　运算功能

1. 运算符号

加（＋）、减（－）、乘（＊）、除（/）、正切（TAN）、反正切（ATAN）、正弦（SIN）、余弦（COS）、开平方根（SQRT）、绝对值（ABS）、增量值（INC）、四舍五入（ROUND）、舍位去整（FIX）、进位取整（FUP）。

算术和逻辑运算的格式见表 1-1，表中列出的操作可以使用变量完成。格式中的表达式可用常量或变量与函数或运算符组合表示。表达式中的变量 #j 和 #k 可用常量替换，也可用表达式替换。

表 1-1　算术和逻辑运算的格式

函　　数	格　　式	备　　注
赋值	#i＝#j	
求和	#i＝#j＋#k	
求差	#i＝#j－#k	
乘积	#i＝#j＊#k	
求商	#i＝#j/#k	
正弦	#i＝SIN［#j］	
余弦	#i＝COS［#j］	角度用十进制度表示
正切	#i＝TAN［#j］	
反正切	#i＝ATAN［#j］/［#k］	

函　　数	格　　式	备　　注
平方根 t 绝对值 四舍五入 向下取整 向上取整	#i＝SQRT[#j] #i＝ABS[#j] #i＝ROUND[#j] #i＝FIX[#j] #i＝FUP[#j]	
或 OR 异或 XOR 与 AND	#i＝#j OR #k #i＝#j XOR #k #i＝#j	逻辑运算用二进制数按位操作
十-二进制转换 二-十进制转换	#i＝BIN[#j] #i＝BCD[#j]	用于转换发送到 PMC 的信号或从 PMC 接收的信号

具体说明如下。

（1）角度单位

SIN、COS、TAN 和 ATAN 函数使用的角度单位为十进制度。

（2）反正切函数 ATAN

在反正切函数后指定两条边的长度，并用斜线隔开（y/x）。结果为 $0 <= result < 360$。

如：#1＝ATAN [1]/[-1]；

#1 的值为 135.0。

（3）四舍五入函数 ROUND

当 ROUND 函数包含在数学或逻辑操作命令、IF、WHILE 语句中时，四舍五入在第一个小数位进行。例如：

#2＝1.2345；

#1＝ROUND[#2]；

则 #1＝1.0。

当 ROUND 函数使用于 NC 语句中的指令地址后时，四舍五入按地址的最小精度进行。

例如：钻孔程序，系统精度 0.001mm。

#1＝1.2345；

#2＝2.3456；

G00 G91 X-[ROUND[#1]]；X 负向增量移动 1.235mm

G01 X-[ROUND[#2]]；　　X 负向增量移动 2.346mm

G00 X[ROUND[#1＋#2]]；X 正向增量移动 3.580mm

由于 1.2345＋2.3456＝3.5801，四舍五入后为 3.580mm，刀具未精确返回定位。刀具产生位移误差的原因是运算时先做加法运算后进行圆整。为使刀具精确返回定位，最后的程序段应修改为：

```
G00 X[ROUND[#1]+ROUND[#2]];
```

修改后的程序段是先做圆整后进行加法运算，最后的运算结果为 3.581，从而避免了误差的产生，刀具可以精确返回原位。

（4）向上和向下取整

向上取整是指圆整后的整数，其绝对值比原值的绝对值大，而向下圆整是指圆整后的整数，其绝对值比原值的绝对值小。当对负数取整时，需特别注意。例如：

```
#1=1.2;
#3=FUP[#1];取整结果为 2.0
#3=FIX[#1];取整结果为 1.0
#2=-1.2;
#3=FUP[#2];取整结果为-2.0
#3=FIX[#1];取整结果为-1.0
```

（5）函数缩写（abbreviation）

可用函数的前两个字符表示该函数。如：ROUND 可表示为 RO，FIX 可表示为 FI。

2. 运算优先级

运算顺序：函数→乘除（ * 、/、AND、MOD）→加减（＋、－、OR、XOR）

3. 运算嵌套

运算嵌套时，用方括号改变运算顺序。方括号的嵌套深度为五层，含函数自己的方括号，最里面的"[   ]"运算优先。当方括号超过五层时，发生 118 号报警。

1.2.3 转移功能

1. 无条件转移

格式：GOTO＋目标段号（不带 N）

控制转移（分支）到顺序号 N 所在位置。当顺序号超出 1～9999 的范围时，产生 128 号报警。顺序号可用表达式指定。

例如：GOTO50，当执行该程序段时，将无条件转移到 N50 程序段执行。

2. 有条件转移

在 IF 后指定一条件，当条件满足时，转移到顺序号为 N 的程序段，不满足则执行下一程序段。

格式：IF＋[条件表达式]＋GOTO＋目标段号（不带 N）

条件表达式由两变量或一变量一常数中间夹比较运算符组成，条件表达式必须包含在一对方括号内。条件表达式可直接用变量代替。

比较运算符由两个字母组成，用于比较两个值，来判断它们是相等，还是一个值比另一个小或大。注意不能直接用数学符号作为比较运算符。比较运算符的具体含义及编程格式见表 1-2。

表 1-2　条件表达式的符号及编程格式

条件	符号	宏指令	编程格式
等于	=	EQ	IF［♯1EQ♯2］GOTO10
不等于	≠	NE	IF［♯1NE♯2］GOTO10
大于	>	GT	IF［♯1GT♯2］GOTO10
小于	<	LT	IF［♯1LT♯2］GOTO10
大于等于	≥	GE	IF［♯1GE♯2］GOTO10
小于等于	≤	LE	IF［♯1LE♯2］GOTO10

例如：IF［♯1GT♯100］GOTO50；，该程序段的含义为如果条件成立，则转移到 N50 程序段执行；如果条件不成立，则执行下一程序段。

有条件转移的编程举例，求 1～10 的和。

```
O1000;
♯1＝0;                  求和结果
♯2＝1;                  加数
N1 IF［♯2 GT 10］GOTO2;  相加运算条件,条件不成立直接转移到 N2
♯1＝♯1＋♯2;             相加运算
♯2＝♯2＋1;              加数变化(不断加 1)
GOTO1;                  返回 N1
N2 M30;                相加运算条件不成立时执行该句
```

1.2.4　循环功能

在 WHILE 后指定一条件表达式，当条件满足时，反复执行 DO 到 END 之间的程序，不满足则执行 END 后的下一程序段。

1. 编程格式

格式：WHILE［条件表达式］DOm（$m＝1、2、3$）
　　　……
　　　ENDm

当条件满足时，就循环执行 WHILE 与 END 之间的程序；当条件不满足时，就执行 ENDm 的下一个程序段。例如：

```
♯1＝5;
WHILE[♯1LE30]DO1;
♯1＝♯1＋5;
G00 X♯1 Y♯1;
END1;
```

当♯1小于等于 30 时，执行循环程序，当♯1大于 30 时执行 END1 之后的程序。

2. 应用说明

① WHILE 语句对条件的处理与 IF 语句类似。

② 在 DO 和 END 后的数字是用于指定处理的范围（称循环体）的识别号，数字可用 1、2、3 表示。当使用 1、2、3 之外的数时，产生 126 号报警。

3. WHILE 的嵌套

对单重 DO-END 循环体来说，识别号（1~3）可随意使用且可多次使用。但当程序中出现循环交叉（DO 范围重叠）时，产生 124 号报警。

① 识别号（1~3）可随意使用且可多次使用，例如：

```
WHILE [...] DO1;
Processing
END1;
...
WHILE [...] DO1;
Processing
END1;
```

② DO 范围不能重叠，例如：

```
WHILE [...] DO1;
Processing
WHILE [...] DO2;
...
END1;
Processing
END2;
```

③ DO 循环体最大嵌套深度为三重，例如：

```
WHILE [...] DO1;
...
WHILE [...] DO2;
...
WHILE [...]DO3;
Processing
END3;
...
END2;
...
END1;
```

④ 控制不能跳转到循环体外，例如：

```
WHILE [...] DO1;
...
IF [...] GOTO n;
...
END1;
Nn ... ;
```

⑤ 分支不能直接跳转到循环体内，例如：

```
IF […] GOTO n;
…
WHILE […] DO1;
…
Nn… ;
…
END1;
```

4. 使用限制

（1）无限循环

当指定 Do m 而未指定 WHILE 语句时，将产生一个从 DO 到 END 为循环体的无限循环。

（2）处理时间

当转移到 GOTO 语句中指定顺序号对应的程序段时，程序段根据顺序号搜索，因此向回跳转比向前跳转要花费更多的处理时间，此时使用 WHILE 语句循环可减少处理时间。

（3）未定义变量

在条件表达式中使用 EQ 和 NE 判断时，空值（null）和 0 会产生不同的结果，在其他类型的条件表达式中，空值（null）被认为是 0。

5. 应用举例

求 1～10 的和，用循环功能编程，程序如下。

```
O1000;
#1＝0;
#2＝1;
WHILE［#2 LE 10］DO1;
#1＝#1＋#2;
#2＝#2＋1;
END1;
M30;
```

1.2.5　宏程序的格式

宏程序的编写格式与子程序相同。其格式为：

```
O～（0001～8999 为宏程序号）    //宏程序名
N10 ……                        //宏程序内容
…
N～ M99                        //宏程序结束
```

上述宏程序内容中，除通常使用的编程指令外，还可使用变量、算术运算指令及其他控制指令。变量值可以直接在宏程序中指定，也可以在宏程序调用指令中赋给。

1.2.6　宏程序的调用

宏程序可用下述方式调用：

① 简单调用 G65；

② 模态调用 G66、G67；

③ 用 G 代码调用宏程序；

④ 用 M 代码调用宏程序；

⑤ 用 M 代码的子程序调用；

⑥ 用 T 代码的子程序调用。

1. 宏程序调用和子程序调用的区别

① 用 G65 可以指定实参（传送给宏程序的数据），而 M98 没有此能力。

② 当 M98 程序段包含其他 NC 指令（如：G01 X100.0 M98 P ＿）时，在该指令执行完后调用子程序，而 G65 则无条件调用宏程序。

③ 当 M98 程序段包含其他 NC 指令（如：G01 X100.0 M98 P ＿）时，在程序单段运行模式下机床停止，而 G65 不会让机床停止。

④ G65 调用时，局部变量的层次被修改，而 M98 调用不会更改局部变量的层次。

2. 简单调用 G65

宏程序的简单调用是指在主程序中，宏程序可以被单个程序段单次调用。

当指定 G65 调用时，地址 P 后指定的用户宏程序被调用，同时数据（实参）被传递给用户宏程序。

调用指令格式：G65 P（宏程序号）L（重复次数）（变量分配）

其中：G65——宏程序调用指令；

P（宏程序号）——被调用的宏程序号；

L（重复次数）——宏程序重复运行的次数（1～99），重复次数为 1 时，可省略不写；

（变量分配）——为宏程序中使用的变量赋值，通过使用实参描述，数值被指定给对应的局部变量。

宏程序与子程序相同的是一个宏程序可被另一个宏程序调用，最多可调用 4 重。例如：

```
O0001；
…
G65 P9010 L2 A1.0 B2.0；
…
M30；
O9010；
#3＝#1＋#2；
```

```
IF [#3 GT 360] GOTO 9;
G00 G91 X#3;
N9 M99;
```

3. 实参描述（变量分配）

有两种实参描述类型，实参描述类型 I （见表 1-3）可同时使用除 G、L、O、N 和 P 之外的字母各一次。而实参描述类型 II （见表 1-4）只能使用 A、B、C 各一次，使用 I、J、K 最多十次。实参描述类型根据使用的字符自动判断。

表 1-3 实参描述类型 I

地址	变量号	地址	变量号	地址	变量号
A	#1	I	#4	T	#20
B	#2	J	#5	U	#21
C	#3	K	#6	V	#22
D	#7	M	#13	W	#23
E	#8	Q	#17	X	#24
F	#9	R	#18	Y	#25
H	#11	S	#19	Z	#26

注：地址 G、L、N、O、P 不能用于实参；不需指定的地址可省略，省略地址对应的局部变量设成空（null）。

表 1-4 实参描述类型 II

地址	变量号	地址	变量号	地址	变量号
A	#1	K_3	#12	J_7	#23
B	#2	I_4	#13	K_7	#24
C	#3	J_4	#14	I_8	#25
I_1	#4	K_4	#15	J_8	#26
J_1	#5	I_5	#16	K_8	#27
K_1	#6	J_5	#17	I_9	#28
I_2	#7	K_5	#18	J_9	#29
J_2	#8	I_6	#19	K_9	#30
K_2	#9	J_6	#20	I_{10}	#31
I_3	#10	K_6	#21	J_{10}	#32
J_3	#11	I_7	#22	K_{10}	#33

注：I、J、K 的下标（subscripts）用于表示实参描述的顺序，实际程序中不需写出。

4. 使用限制

（1）格式

G65 必须在实参之前指定。

（2）实参描述 I 和 II 的混合

NC 内部识别实参描述 I 和 II，当二者混合指定时，实参描述类型由后出现的地址决定，即两种类型可同时使用，当多个地址对应同一个局部变量时，该变量的值由后出现的地址决定。

（3）小数点的位置

一个不带小数点的实参在数据传递时，其单位按其地址对应的最小精度解释，因此，不带小数点的实参，其值在传递时有可能根据机床的系统参数设置而被更改。所以一般应该在宏调用实参中使用小数点，这样可以保持程序的兼容性。

（4）调用嵌套

调用可嵌套四层，包括简单调用 G65 和模态调用 G66，但不包括子程序调用 M98。

（5）局部变量的层次

嵌套调用时，局部变量的层次指定为 0～4。主程序的层次为 0。宏程序每（嵌套）调用一次（G65、G66），局部变量的层次加一，原有局部变量的值被 NC 保存（不可见）。

当 M99 执行时，控制返回调用该子程序的位置。此时，局部变量层次减一，宏程序调用时保存的原有局部变量值被恢复。

宏程序的嵌套关系及局部变量和全局变量的使用如图 1-2 所示。

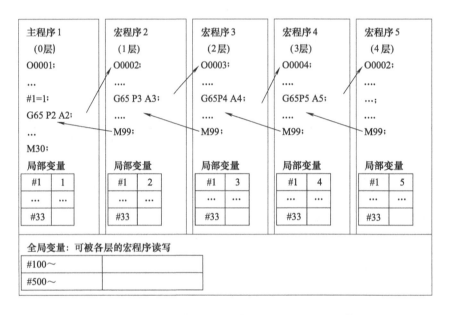

图 1-2　宏程序的嵌套关系及局部变量和全局变量的使用

1.2.7　宏语句和 NC 语句

具有下列特征的程序段被认为是宏语句。

① 包含算术和逻辑运算及赋值操作的程序段；

② 包含控制语句（如：GOTO、DO、END）的程序段；

③ 包含宏调用命令（如：G65、G66、G67 或其他调用宏的 G、M 代码）。

不是宏语句的程序段称 NC（或 CNC）语句，也就是常规编程语句。

1. 宏语句与 NC 语句的区别

即使在程序单段运行模式下执行宏语句，机床也不停止。但当机床参数 011 的第五位设成 1 时，在单段运行模式下执行宏语句，机床停止。

在刀具补偿状态下，宏语句程序段不作为不移动程序段处理。

2. 与宏语句具有相同特性的 NC 语句

子程序调用程序段（在程序段中，子程序被 M98 或指定的 M、T 代码调用）仅包含 O、N、P、L 地址，和宏语句具有相同特性。

包含 M99 和地址 O、N、P 的程序段，具有宏语句特性。

第 2 章

宏程序在非圆曲线车削编程中的应用

2.1 宏程序在非圆曲线车削编程中的应用思路

为了帮助工程技术人员和职业院校的学生掌握宏程序在非圆曲线编程中的使用技巧，解决非圆曲线的编程问题，在此分析了宏程序的设计原理，并结合编程实例给出了非圆曲线宏程序编制的标准格式。

在现今的数控系统中，通常都只有直线插补和圆弧插补功能，而没有非圆曲线插补功能，手工常规编程无法编制出非圆曲线的加工程序。随着数控技术的发展，先进的数控系统不仅向用户编程提供了一般的准备功能和辅助功能，而且为编程提供了扩展数控功能的手段，宏程序编程就是各种数控系统加工编程的重要补充手段。用户宏功能是提高数控机床性能的一种特殊功能。在数控编程中，通常把能完成某一功能的一系列指令像子程序一样存入存储器，然后用一个总指令代表它们，使用时只需给出这个总指令就能执行其功能。但好多使用者并不知道宏程序设计的原理，所以很难掌握或用好宏程序功能，下面通过编程实例来说明数控机床宏程序的原理和编程的标准格式。

2.1.1　宏程序的设计原理

目前的数控机床无法直接加工除直线和圆弧之外的其他曲线，对于这样的非圆曲线，必须用直线或圆弧拟合该曲线，即将轮廓曲线按编程允许的误差分割成许多小段，再用直线或圆弧拟合这些小段，等间距直线拟合法就是最常用的一种拟合方法。其基本原理是在一个坐标轴方向将需要拟合的轮廓进行等分，再对其设定节点，然后进行坐标值计算。如图 2-1 所示，由起点开始，每次增加一个坐标增量 ΔX，先得到 X_1，将 X_1 代入轮廓曲线方程 $Y=f(X)$，即可求出节点 A_1 的 Y_1 坐标值。（X_1，Y_1）即为拟合直线段 OA_1 的终点坐标值。如此反复，便可求出一系列节点坐标值。

宏程序正是利用等间距法直线拟合的原理设计的。将图 2-1 中节点的 X 坐标定义为 1 号变量，记为 ♯1，将 Y 坐标定义为 2 号变量，记为 ♯2，将间距值定义为 3 号变量，记为 ♯3（♯3＝ΔX）。让 X 坐标从坐标原点（曲线起点）开始按 ♯1＝♯1＋♯3 不断累加，即可得到所有节点的 X 坐标，再按 ♯2＝f（♯1）不断计算，即可得到所有节点的 Y 坐标，再将得到的节点依次连接，即可得到若干个拟合的直线段，再对每个直线段进行直线插补，即可完成非圆曲线的加工。

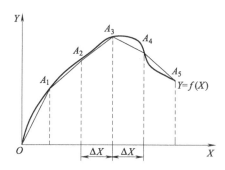

图 2-1　等间距法直线逼近原理

2.1.2　宏程序的应用实例

1. 椭球面加工的宏程序编程

【例 2-1】　椭球面如图 2-2 所示，长半轴为 a，短半轴为 b，用宏程序编写其精加工程序。

根据椭圆的参数方程，有：

$$Z=a\cos\phi,\ X=b\sin\phi$$

将椭圆的参数角度定义为自变量 ♯1，椭圆坐标系中的 Z 坐标定义为变量 ♯2，椭圆坐标系中的 X 坐标定义为变量 ♯3，♯2、♯3 与 ♯1 之间的关系可表达为：♯2＝a＊COS［♯1］，♯3＝b＊SIN［♯1］，自变量 ♯1 不断变化（加 0.5），♯2（动点 Z 坐标）、♯3

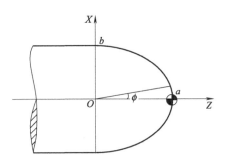

图 2-2　椭圆编程实例

（动点 X 坐标）也随之变化。椭圆拟合的循环判定条件为：当♯1 小于等于 90 时，进行直线拟合循环，当♯1 大于 90 时，循环结束。椭圆拟合循环的程序执行流程如图 2-3 所示。

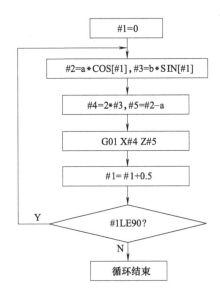

图 2-3　椭圆拟合循环程序执行流程

具体的变量设置见表 2-1。

表 2-1　变量设置

变量	表示内容	表达式	取值范围
♯1	角度	自变量	$0\sim90°$
♯2	椭圆坐标系中的 Z 坐标	$♯2=a*\mathrm{COS}[♯1]$	$0\sim a$
♯3	椭圆坐标系中的 X 坐标	$♯3=b*\mathrm{SIN}[♯1]$	$0\sim b$
♯4	工件坐标系中的 X 坐标	$♯4=2*♯3$	$0\sim2b$
♯5	工件坐标系中的 Z 坐标	$♯5=♯2-a$	$-a\sim0$

下面以 FANUC 0i 系统为例，给出椭球面编程的标准格式（只给出加工椭圆的标准

程序，其他部分省略）。

加工程序如下：

```
……
G01 G42 X0 Z0 F__;           建立刀尖半径右补偿
#1=0;                        角度自变量
WHILE[#1LE90]DO1;            循环判定条件
#2=a*COS[#1];               椭圆坐标系中的 z 坐标
#3=b*SIN[#1];               椭圆坐标系中的 x 坐标
#4=2*#3;                    工件坐标系中的 x 坐标
#5=#2-a;                    工件坐标系中的 z 坐标
G01 X[#4] Z[#5] F__;         直线拟合椭圆
#1=#1+0.5;                  自变量不断变化
END1;                        循环结束
G01 X[#4] Z[-#1];           直线插补到椭圆终点
G00 G40 X__ Z__;            取消刀尖半径补偿
……
```

2. 抛物面加工的宏程序编程

【例 2-2】 抛物面如图 2-4 所示，焦距为 K，用宏程序编写其精加工程序。

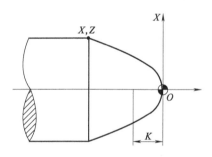

图 2-4 抛物线编程实例

根据抛物线方程

$$Z=-2KX^2$$

以 X 为自变量，即可求得 Z。当 X 为小值时，Z 增长较缓，当 X 为大值时，Z 增长较快，使拟合面不光滑。因此，对抛物线方程两边取导数，令切线斜率为 -1，即

$$Z'=-4KX=-1$$

即可求得 $X=1/4K$，该点即为分界点。小值时以 X 为自变量，大值时改用 Z 为自变量，则

$$X=\sqrt{Z/(-2K)}$$

当 $X<(1/4K)$ 时，将抛物线坐标系中的 X 坐标定义为自变量 $\#1$，抛物线坐标系中

的 Z 坐标定义为变量♯2，♯2与♯1之间的关系可表达为：♯2＝－2＊K＊♯1＊♯1，自变量♯1（动点 X 坐标）不断变化（加0.5），♯2（动点 Z 坐标）也随之变化。抛物线拟合的循环判定条件为：当♯1小于等于（1/4K）时，进行直线拟合循环，当♯1大于（1/4K）时，循环结束。抛物线拟合循环的程序执行流程如图2-5所示。具体变量的设置见表2-2。

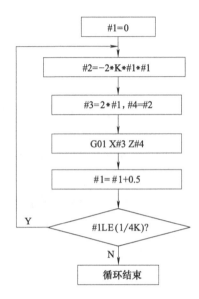

图 2-5　抛物线拟合循环流程（1）

表 2-2　变量设置（1）

变量	表示内容	表达式	取值范围
♯1	抛物线坐标系中的 X 坐标	自变量	$0 \sim 1/4K$
♯2	抛物线坐标系中的 Z 坐标	♯2＝－♯1＊♯1/4	$-1/8K \sim 0$
♯3	工件坐标系中的 X 坐标	♯3＝2＊♯1	$0 \sim 1/2K$
♯4	工件坐标系中的 Z 坐标	♯4＝♯2	$-1/8K \sim 0$

当 $X >$（1/4K）时，将抛物线坐标系中的 Z 坐标定义为自变量♯5，抛物线坐标系中的 X 坐标定义为变量♯6，♯6与♯5之间的关系可表达为：♯6＝SQRT［♯5/［－2＊K］］，自变量♯5（动点 Z 坐标）不断变化（加0.5），♯6（动点 X 坐标）也随之变化。将抛物线终点坐标 X、Z 分别定义为变量♯9、♯10，抛物线拟合的循环判定条件为：当♯5大于等于♯10时，进行直线拟合循环，当♯5小于♯10时，循环结束。抛物线拟合循环的程序执行流程如图2-6所示。具体变量的设置见表2-3。

表 2-3　变量设置（2）

变量	表示内容	表达式	取值范围
♯5	抛物线坐标系中的 Z 坐标	自变量	$Z \sim -1/8K$
♯6	抛物线坐标系中的 X 坐标	♯6＝SQRT［♯5/［－2＊K］］	$1/4K \sim X$

变量	表示内容	表达式	取值范围
#7	工件坐标系中的 X 坐标	#7＝2＊#6	$1/2K \sim 2X$
#8	工件坐标系中的 Z 坐标	#8＝#5	$Z \sim -1/8K$
#9	抛物线终点 X 坐标	常量	X
#10	抛物线终点 Z 坐标	常量	Z

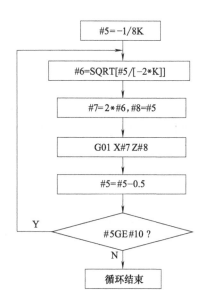

图 2-6　抛物线拟合循环流程（2）

编程原点在工件右端面中心，以 FANUC 0i 系统为例，给出抛物面编程的标准格式（只给出加工抛物线的标准程序，其他部分省略）。

加工程序如下：

```
……
G01 G42 X0 Z0 F__;              建立刀尖半径右补偿
#1＝0;                          定义抛物线坐标系中的 X 坐标为自变量,初值为 0
WHILE[#1LE[1/4K]]DO1;          循环判定条件
G01 X[#3] Z[#4] F__;           直线拟合抛物线
#2＝－2＊K＊#1＊#1;             抛物线坐标系中的 Z 坐标
#3＝2＊#1;                      工件坐标系中的 X 坐标
#4＝#2;                         工件坐标系中的 Z 坐标
#1＝#1＋0.5;                    自变量不断变化
END1;                          循环结束
#5＝－1/8K;                     定义抛物线坐标系中的 Z 坐标为自变量,初值为
                               －1/8K
```

```
WHILE [#7GE#10]DO2;          循环判定条件
G01 X[#7] Z[#8];             直线拟合抛物线
#6=SQRT[#5/[-2*K]];          抛物线坐标系中的 X 坐标
#7=2*#6;                     工件坐标系中的 X 坐标
#8=#5;                       工件坐标系中的 Z 坐标
#5=#5-0.5;                   自变量不断变化
END2;                        循环结束
G00 G40 X__ Z__ ;            取消刀尖半径补偿
……
```

宏程序是解决非圆曲线数控编程的关键技术，而编程人员只有掌握了宏程序的设计思想和设计原理，才能熟练地使用宏程序功能。该部分通过分析宏程序的设计原理，结合编程实例给出了非圆曲线宏程序编制的标准格式，解决了数控编程人员在使用宏程序时无从下手的问题，这对从事数控编程的工程技术人员和职业院校的学生将会有很大帮助。

2.2 宏程序在数控车床非圆曲线编程中的具体应用

2.2.1 宏程序在椭圆曲线编程中的应用

1. Z 向有偏心椭圆编程

【例 2-3】 如图 2-7 所示，毛坯为 $\phi30\text{mm}\times70\text{mm}$ （虚线所示），用宏程序编写椭圆（Z 向有偏心）部分的加工程序（粗、精加工）。

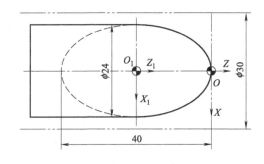

图 2-7 Z 向有偏心椭圆编程

（1）编程思路
所谓 Z 向有偏心椭圆，指的是椭圆的中心和编程原点在 Z 向不重合，这样就需要先在椭圆坐标系中确定拟合动点的 Z 坐标，然后再将其转换到编程坐标系中。

由于是把棒料毛坯加工成椭球面，需要先进行多次切削完成粗加工，然后再进行精加工。而粗加工要使用 G73 复合循环，这样就要把加工椭圆的宏程序嵌入 G73 复合循环，精加工使用 G70 循环完成。

编程的关键点在于确定椭圆拟合直线段的动点坐标间的迭代关系及给定循环的判定条件。将椭圆坐标系中的 Z 坐标定义为自变量 $\sharp1$，椭圆坐标系中的 X 坐标定义为变量 $\sharp2$，$\sharp2$ 与 $\sharp1$ 之间的关系可表达为：$\sharp2 = 12 * SQRT[20 * 20 - \sharp1 * \sharp1]/20$，自变量 $\sharp1$（动点 Z 坐标）不断变化（减 0.5），$\sharp2$（动点 X 坐标）也随之变化。椭圆拟合的循环判定条件为：当 $\sharp1$ 大于等于 0 时，进行直线拟合循环，当 $\sharp1$ 小于 0 时，循环结束。椭圆拟合循环的程序执行流程如图 2-8 所示。

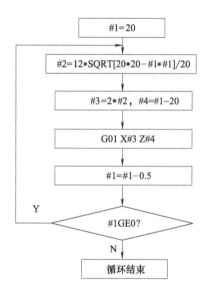

图 2-8　椭圆拟合循环的程序执行流程

（2）变量设置

编程用到的具体变量的设置见表 2-4。

表 2-4　变量设置

变量	表示内容	表达式	取值范围
$\sharp1$	椭圆坐标系中的 Z 坐标	自变量	0～20
$\sharp2$	椭圆坐标系中的 X 坐标	$\sharp2 = 12 * SQRT[20 * 20 - \sharp1 * \sharp1]/20$	0～12
$\sharp3$	工件坐标系中的 X 坐标	$\sharp3 = 2 * \sharp2$	0～24
$\sharp4$	工件坐标系中的 Z 坐标	$\sharp4 = \sharp1 - 20$	-20～0

（3）程序编写

刀具为 93°外圆车刀，刀号为 T01，编程原点在工件右端面中心，程序编写如下。

```
O1000;                              程序名
G40 G98;                            初始化
T0101;                              换 1 号刀,建立工件坐标系
M03 S600;                           主轴正转,转速 600r/min
G00 X32. Z2. ;                      快速定位到循环起点
G73 U11.8 R7. ;                     闭合车削复合循环
G73 P10 Q20 U0.4 W0 F100;
N10 G00 X0;                         精加工开始
G01 Z0 F50;
#1=20;                              定义椭圆坐标系 $O_1X_1Z_1$ 中的 Z 坐
                                    标为自变量,初值为 20
N11#2=12*SQRT[20*20-#1*#1]/20;      通过本公式算出对应的椭圆坐标系
                                    $O_1X_1Z_1$ 中的 X 坐标
#3=2*#2;                            将 $O_1X_1Z_1$ 坐标系中的 X 值转换到
                                    工件坐标系 OXZ 中
#4=#1-20;                           将 $O_1X_1Z_1$ 坐标系中的 Z 值转换到
                                    工件坐标系 OXZ 中
G01 X#3 Z#4;                        进行直线插补
#1=#1-0.5;                          自变量递减,步距为 0.5
IF[#1GE0]GOTO11;                    设定转移条件,条件成立时,转移到
                                    N11 程序段执行,0 是所加工椭圆轮
                                    廓终点在椭圆坐标系 $O_1X_1Z_1$ 中 Z
                                    坐标值
G01 X24. Z-20. ;                    插补到椭圆轮廓终点
N20 X28. ;                          X 方向退刀,精加工结束
G70 P10 Q20;                        精车循环
G00 X100. Z100. ;                   快速返回换刀点
M05;                                主轴停转
M30;                                程序结束并复位
```

2. X 向有偏心椭圆编程

【例 2-4】 如图 2-9 所示,毛坯为 $\phi 30mm \times 100mm$,用宏程序编写椭圆(X 向有偏心)部分的加工程序(粗、精加工)。

(1)编程思路

所谓 X 向有偏心椭圆,指的是椭圆的中心和编程原点在 X 向不重合,这样就需要先在椭圆坐标系中确定拟合动点的 X 坐标,然后再将其转换到编程坐标系中。

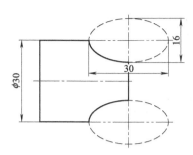

图 2-9 *X* 向有偏心椭圆编程

和前面所述一样，把棒料毛坯加工成椭球面，需要先进行多次切削完成粗加工，然后再进行精加工。粗加工使用 G73 复合循环，加工椭圆的宏程序嵌入 G73 复合循环，精加工使用 G70 循环完成。

编程的关键点仍然是确定椭圆拟合直线段的动点坐标间的迭代关系及给定循环的判定条件。将椭圆坐标系中的 *Z* 坐标定义为自变量 #1，椭圆坐标系中的 *X* 坐标定义为变量 #2，#2 与 #1 之间的关系可表达为：#2 = 8 * SQRT[15 * 15 − #1 * #1]/15，自变量 #1（动点 *Z* 坐标）不断变化（减 0.5），#2（动点 *X* 坐标）也随之变化。椭圆拟合的循环判定条件为：当 #1 大于等于 −15 时，进行直线拟合循环，当 #1 小于 −15 时，循环结束。椭圆拟合循环的程序执行流程如图 2-10 所示。

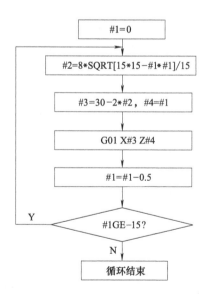

图 2-10 椭圆拟合循环的程序执行流程

（2）变量设置

编程用到的具体变量的设置见表 2-5。

表 2-5 变量设置

变量	表示内容	表达式	取值范围
#1	椭圆坐标系中的 Z 坐标	自变量	−15~0
#2	椭圆坐标系中的 X 坐标	#2=8*SQRT[15*15−#1*#1]/15	0~8
#3	工件坐标系中的 X 坐标	#3=30−2*#2	14~30
#4	工件坐标系中的 Z 坐标	#4=#1	−15~0

（3）程序编写

刀具为 93°外圆车刀，刀号为 T01，编程原点在工件右端面中心，程序编写如下。

O1000;	程序名
G40 G98;	初始化
T0101;	换 1 号刀，建立工件坐标系
M03 S600;	主轴正转，转速 600r/min
G00 X32.Z2.;	快速定位到循环起点
G73 U7.8 R7.;	闭合车削复合循环
G73 P10 Q20 U0.4 W0 F100;	
N10 G00 X14.;	精加工开始
G01 Z0 F50;	
#1=0;	定义椭圆轮廓的 Z 坐标为自变量，初始值为 0
N11 #2=8*SQRT[15*15−#1*#1]/15;	通过本公式算出对应的椭圆坐标系中的 X 坐标值
#3=30−2*#2;	将椭圆坐标系中的 X 值转换到工件坐标系 OXZ 中
#4=#1;	将椭圆坐标系中的 Z 值转换到工件坐标系 OXZ 中
G01 X#3 Z#4;	进行直线插补
#1=#1−0.5;	自变量递减，步距为 0.5
IF[#1GE−15]GOTO11;	设定转移条件，条件成立时，转移到 N11 程序段执行，−15 是所椭圆轮廓终点在椭圆坐标系中 Z 坐标值
G01 X30.Z−15.;	插补到椭圆轮廓终点
N20 X32.;	X 方向退刀，精加工结束
G70 P10 Q20;	精车循环
G00 X100.Z100.;	快速返回换刀点
M05;	主轴停转
M30;	程序结束并复位

3. X、Z 向均有偏心椭圆编程

【例 2-5】 如图 2-11 所示，毛坯为 $\phi45\text{mm}\times100\text{mm}$（虚线所示），用宏程序编写其加工程序（粗、精加工）。椭圆在 X 向、Z 向都有偏心。

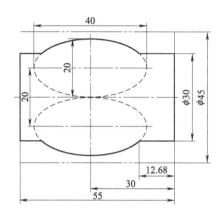

图 2-11　X、Z 向均有偏心椭圆编程

（1）编程思路

所谓 X 向、Z 向都有偏心椭圆，指的是椭圆的中心和编程原点在 X 向、Z 向均不重合，这样就需要先在椭圆坐标系中确定拟合动点的 X、Z 坐标，然后再将其转换到编程坐标系中。

宏程序在 G73 复合循环中的嵌套方法和前面所述一样，这里不再赘述。

下面分析如何确定椭圆拟合直线段的动点坐标间的迭代关系及给定循环的判定条件。

将椭圆坐标系中的 Z 坐标定义为自变量 #1，椭圆坐标系中的 X 坐标定义为变量 #2，#2 与 #1 之间的关系可表达为：#2＝10 * SQRT[20 * 20－#1 * #1]/20，自变量 #1（动点 Z 坐标）不断变化（减 0.5），#2（动点 X 坐标）也随之变化。椭圆拟合的循环判定条件为：当 #1 大于等于 0 时，进行直线拟合循环，当 #1 小于 0 时，循环结束。椭圆拟合循环的程序执行流程如图 2-12 所示。

（2）变量设置

编程用到的具体变量的设置见表 2-6。

表 2-6　变量设置

变量	表示内容	表达式	取值范围
#1	椭圆坐标系中的 Z 坐标	自变量	0～17.32
#2	椭圆坐标系中的 X 坐标	#2＝10 * SQRT[20 * 20－#1 * #1]/20	5.001～10
#3	工件坐标系中的 X 坐标	#3＝2 * #2＋20	30.002～40
#4	工件坐标系中的 Z 坐标	#4＝#1－30	－30～－12.68

（3）程序编写

刀具为 93°外圆车刀，刀号为 T01，编程原点在工件右端面中心，程序编写如下。

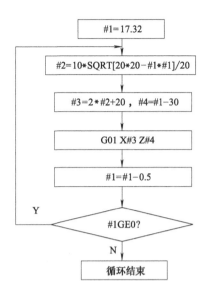

图 2-12　椭圆拟合循环的程序执行流程

O1000;	程序名
G40 G98;	初始化
T0101;	换 1 号刀,建立工件坐标系
M03 S600;	主轴正转,转速 600r/min
G00 X28. Z2. ;	快速定位到循环起点
G73 U7. 3 R7. ;	闭合车削复合循环
G73 P10 Q20 U0. 4 W0 F100;	
N10 G00 X30;	精加工开始
G01 Z－12. 68 F50;	
♯1＝17. 32;	定义椭圆轮廓的 z 坐标为自变量,初始值为 17. 32
N11♯2＝10 * SQRT[20 * 20－♯1 * ♯1]/20;	通过本公式算出对应的椭圆坐标系中的 x 坐标值
♯3＝2 * ♯2＋20;	将椭圆坐标系中的 x 值转换到工件坐标系 OXZ 中
♯4＝♯1－30;	将椭圆坐标系中的 z 值转换到工件坐标系 OXZ 中
G01 X♯3 Z♯4;	进行直线插补
♯1＝♯1－0. 5;	自变量递减,步距为 0. 5
IF[♯1GE0]GOTO11;	设定转移条件,条件成立时,转移到 N11 程序段执行,0 是所加工椭圆轮廓终点在椭圆坐标系中 z 坐标值

流程图内容:
#1=17.32
#2=10*SQRT[20*20－#1*#1]/20
#3=2*#2+20 , #4=#1-30
G01 X#3 Z#4
#1=#1-0.5
#1GE0? Y / N
循环结束

G01 X30. Z－47. 32. ;	插补到椭圆轮廓终点
N20 Z－55. ;	精加工结束
X47. ;	X方向退刀
G70 P10 Q20;	精车循环
G00 X100. Z100. ;	快速返回换刀点
M05;	主轴停转
M30;	程序结束并复位

4. 包含椭圆轮廓综合编程

【例 2-6】 完成如图 2-13 所示零件右端加工的编程，毛坯为 $\phi60\text{mm}\times100\text{mm}$，椭圆部分用宏程序编写，并使用 G73、G70 指令完成粗车、精车加工。

（1）椭圆部分编程思路

椭圆部分的宏程序使用条件转移语句。

下面分析如何确定椭圆拟合直线段的动点坐标间的迭代关系及给定条件转移的判定条件。

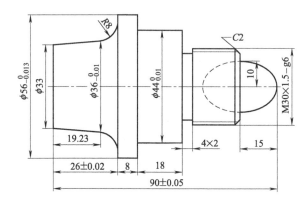

图 2-13　复合循环使用宏程序编程实例

将椭圆坐标系中的 Z 坐标定义为自变量 $\#1$，椭圆坐标系中的 X 坐标定义为变量 $\#2$，$\#2$ 与 $\#1$ 之间的关系可表达为：$\#2=10*\text{SQRT}[15*15-\#1*\#1]/15$，自变量 $\#1$（动点 Z 坐标）不断变化（减 0.5），$\#2$（动点 X 坐标）也随之变化。椭圆拟合的转移判定条件为：当 $\#1$ 大于等于 0 时，进行直线拟合循环，当 $\#1$ 小于 0 时，循环结束。椭圆拟合循环的程序执行流程如图 2-14 所示。

（2）变量设置

编程用到的具体变量的设置见表 2-7。

表 2-7　变量设置

变量	表示内容	表达式	取值范围
$\#1$	椭圆坐标系中的 Z 坐标	自变量	0～15
$\#2$	椭圆坐标系中的 X 坐标	$\#2=10*\text{SQRT}[15*15-\#1*\#1]/15$	0～10

变量	表示内容	表达式	取值范围
♯3	工件坐标系中的 X 坐标	♯3＝2＊♯2	0～20
♯4	工件坐标系中的 Z 坐标	♯4＝♯1－15	－15～0

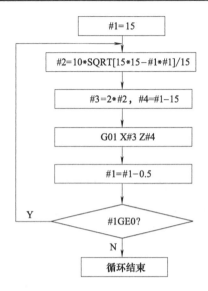

图 2-14　椭圆拟合循环的程序执行流程

（3）程序编写

所用刀具为外轮廓粗加工刀 T01、精加工刀 T02，刀宽为 4mm 切槽刀 T03，螺纹刀 T04。编程原点在工件右端面中心，程序编写如下。

O1000；	程序名
G40 G98；	初始化
T0101；	换 1 号刀,建立工件坐标系,粗加工
M03 S600；	主轴正转,转速 600r/min
G00 X62.Z2.；	快速定位到 G71 循环起点
G71 U1.5 R1.；	外径车削复合循环
G71 P10 Q20 U0.3 W0 F100；	
N10 G00 X21.；	精加工开始,留下加工椭圆部分的余量
G01 Z－15.F50；	
X26.；	
X29.8 W－2.；	为了便于螺纹配合,将螺纹大径切至 29.8mm
Z－38.；	
X43.99；	考虑直径精度要求,X 值用上下偏差的平均值编程

```
W—18.；
X55.99；
N20 W—8.；                                      精加工结束
X62.；                                          X 向退刀
G00 X100.；                                     X 向快速返回换刀点
Z100.；                                         Z 向快速返回换刀点
M05；                                           主轴停转
M00；                                           程序暂停,测量
T0202；                                         换 2 号刀,建立工件坐标系,精加工
M03 S1000；                                     主轴正转,转速 1000r/min
G00 X62. Z2.；                                  快速定位到循环起点
G70 P10 Q20；                                   精车循环
G00 X100. Z100.；                               快速返回换刀点
T0101；                                         换 1 号刀,建立工件坐标系,粗加工
G00 X23. Z2. S600；                             快速定位到 G73 循环起点
G73 U10. 3 R7.；                                闭合车削复合循环
G73 P30 Q40 U0. 4 W0 F100；
N30 G00 X0；                                    精加工开始
G01 Z0 F50；
#1=15；                                         定义椭圆轮廓的 Z 坐标为自变量,
                                                初始值为 15
N11 #2=10*SQRT[15*15—#1*#1]/15；                通过本公式算出对应的椭圆坐标系
                                                中的 X 坐标值
G01X[#3]Z[#1—15]；                              直线插补,拟合椭圆
#3=2*#2；
#4=#1—15.；
#1=#1—0.5；                                     自变量递减,步距为 0.5
IF[#1GE0]GOTO11；                               设定转移条件,条件成立时,转移到
                                                N11 程序段执行,0 是所加工椭圆轮
                                                廓终点在椭圆坐标系中 Z 坐标值
N40 G01 X20. Z—15.；                            插补到椭圆轮廓终点,精加工结束
X26.；                                          X 向退刀
G00 X100. Z100.；                               快速返回换刀点
M05；                                           主轴停转
M00；                                           程序暂停,测量
```

T0202;	换 2 号刀,建立工件坐标系,精加工
M03 S1000;	主轴正转,转速 1000r/min
G00 X23. Z2. ;	快速定位到循环起点
G70 P30 Q40;	精车循环
G00 X100. Z100. ;	快速返回换刀点
T0303;	换 3 号刀,建立工件坐标系,切槽
G00 X46. Z−38. S300;	快速定位到切槽位置
G01 X26. F20;	切槽
G04 P2000;	槽底暂停 2s
G00 X46. ;	快速退刀
X100. Z100. ;	快速返回换刀点
T0404;	换 4 号刀,建立工件坐标系,车螺纹
G00 X32. Z−13. S400;	快速定位到螺纹循环起点
G92 X29. 2 Z−32. F1. 5;	单一螺纹循环,第 1 次切深 0.8mm
X28. 6;	第 2 次切深 0.6mm
X28. 2;	第 3 次切深 0.4mm
X28. 04;	第 4 次切深 0.16mm
G00 X100. Z100. ;	快速返回换刀点
M05;	主轴停转
M30;	程序结束并复位

【例 2-7】 完成如图 2-15 所示零件的编程,毛坯为 ϕ52mm×140mm,椭圆部分用宏程序编写,并嵌入 G73 循环中。

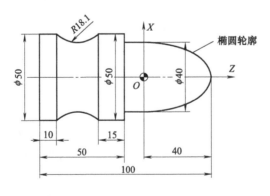

图 2-15 椭圆宏程序编程实例

(1) 椭圆部分编程思路

椭圆部分的宏程序使用循环语句。

下面分析如何确定椭圆拟合直线段的动点坐标间的迭代关系及给定条件转移的判定

条件。

　　将椭圆坐标系中的 Z 坐标定义为自变量 #1，椭圆坐标系中的 X 坐标定义为变量 #2，#2 与 #1 之间的关系可表达为：#2＝20 * SQRT[40 * 40－#1 * #1]/40，自变量 #1（动点 Z 坐标）不断变化（减 0.5），#2（动点 X 坐标）也随之变化。椭圆拟合的循环判定条件为：当 #1 大于等于 0 时，进行直线拟合循环，当 #1 小于 0 时，循环结束。椭圆拟合循环的程序执行流程如图 2-16 所示。

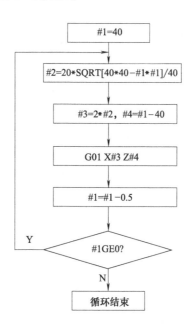

图 2-16　椭圆拟合循环程序执行流程

（2）变量设置

编程用到的具体变量的设置见表 2-8。

表 2-8　变量设置

变量	表示内容	表达式	取值范围
#1	椭圆坐标系中的 Z 坐标	自变量	0～40
#2	椭圆坐标系中的 X 坐标	#2＝20 * SQRT[15 * 15－#1 * #1]/40	0～20
#3	工件坐标系中的 X 坐标	#3＝2 * #2	0～40
#4	工件坐标系中的 Z 坐标	#4＝#1－40	－40～0

（3）程序编写

　　所用刀具为外轮廓粗加工刀 T01、精加工刀 T02。编程原点在工件右端面中心，程序编写如下。

O1000;	程序名
G40 G98;	初始化
T0101;	换 1 号刀,建立工件坐标系

M03 S600;	主轴正转,转速 600r/min
G00 X54. Z2. ;	快速定位到 G71 循环起点
G71 U1. 5 R1.	外径车削复合循环
G71 P10 Q20 U0. 3 W0. 1 F100;	
N10 G00 X0;	精加工开始
G01 Z0 F50;	
♯1＝40;	定义 Z 坐标为自变量♯1,初始值为 40
WHILE［♯1GE0］DO1;	设定循环条件(♯2 大于等于 0)
♯2＝20＊SQRT［40＊40－♯1＊♯1］/40;	X 坐标计算(椭圆坐标系中)
♯3＝2＊♯2;	将椭圆坐标系中的 x 值转换到工件坐标系 OXZ 中
♯4＝♯1－40;	将椭圆坐标系中的 Z 值转换到工件坐标系 OXZ 中
G01 X♯4 Z♯5;	直线插补拟合椭圆轨迹
♯1＝♯1－0.5;	自变量递减,步长为 0.5
END1;	循环结束
G01 Z－50. ;	其他轮廓开始
X50. ;	
Z－65. ;	
G02 X50. Z－90. R18. 1;	
N20 G01 Z－100. ;	精加工结束
X54. ;	X 方向退刀
G00 X100. Z100. ;	快速返回换刀点
M05;	主轴停转
M30;	程序结束并复位

2.2.2 宏程序在抛物线曲线编程中的应用

1. 完整抛物线编程

【例 2-8】 抛物面（编程轮廓为完整抛物线）如图 2-17 所示,用宏程序编写其粗、精加工程序。

（1）编程思路

所谓完整抛物线,指的是零件轮廓包含整个抛物线。如图 2-17 所示,抛物线的焦点在 Z 轴上,抛物线的顶点在工件右端面中心。把棒料毛坯加工成抛物面,需要先进行多次切削完成粗加工,然后再进行精加工。

这里粗加工不再使用 G73 复合循环,而是给定粗加工参数和转移条件,反复调用用

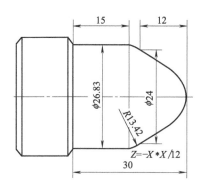

图 2-17 完整抛物线编程实例

宏程序编写的加工抛物线的子程序，实现多次去余量粗加工（走出多个等距的抛物线轨迹），然后给定精加工参数和转移条件，再调用一次子程序，实现精加工。

子程序编程的关键点在于确定抛物线拟合直线段的动点坐标间的迭代关系及给定循环的判定条件。将抛物线坐标系中的 X 坐标定义为自变量 $\#1$，抛物线坐标系中的 Z 坐标定义为变量 $\#2$，$\#2$ 与 $\#1$ 之间的关系可表达为：$\#2=-\#1*\#1/12$，自变量 $\#1$（动点 X 坐标）不断变化（减 0.5），$\#2$（动点 Z 坐标）也随之变化。抛物线拟合的循环判定条件为：当 $\#1$ 大于等于 0 时，进行直线拟合循环，当 $\#1$ 小于 0 时，循环结束。

主程序编程的关键点在于给定多次转移的判定条件。将工件精加工轮廓在 X 方向的偏移距离（为了进行粗加工）定义为自变量 $\#151$（这里必须使用全局变量），其初值为 X 方向的最大切削余量 24（直径量），每次转移调用子程序完成一次粗加工，自变量 $\#151$ 减 2（单边切削深度为 1mm）。转移判定条件为：当 $\#151$ 大于等于 1 时，不断通过条件转移调用子程序，当 $\#151$ 小于 1 时，条件转移结束，粗加工完成。

整个程序的执行流程如图 2-18 所示。

（2）变量设置

编程用到的具体变量的设置见表 2-9。

表 2-9 变量设置

变量	表示内容	表达式	取值范围
$\#1$	抛物线坐标系中的 X 坐标	自变量	0～12
$\#2$	抛物线坐标系中的 Z 坐标	$\#2=-\#1*\#1/12$	-12～0
$\#3$	工件坐标系中的 X 坐标	$2*\#1$	0～24
$\#4$	工件坐标系中的 Z 坐标	$\#4=\#2$	-12～0
$\#151$	抛物线轮廓在 X 方向的偏移距离	自变量	1～24

（3）程序编写

刀具为 93°外圆车刀，刀号为 T01，编程原点在工件右端面中心，程序编写如下。

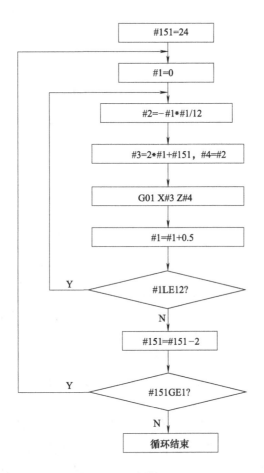

图 2-18   程序执行流程

```
O1000;                          主程序
G40 G98;                        初始化
T0101;                          换 1 号刀,建立工件坐标系
M03 S800 F100;                  粗加工切削参数
G00 X30. Z2. ;
#151=24;                        抛物线轮廓在 X 方向的偏移距离,初值为 24
N1 M98 P1001;                   不断调用子程序,进行粗加工
#151=#151-2;                    偏移距离不断减小
IF[#151GE1]GOTO1;               若条件成立,跳转到 N1
G00 U2. ;
Z2. ;
M03 S1000 F50;                  精加工切削参数
#151=0;                         偏移距离设为 0,进行精加工
M98 P0012;                      调用子程序,进行精加工
```

```
G00 X100. Z100. ;          快速返回
M05;                       主轴停止
M30;                       主程序结束并复位
O1001;                     子程序
#1＝0;                      抛物线坐标系中的 X 坐标,初值为 0
WHILE[#1LE12]DO2;          给定循环条件
G01 X[#3] Z[#4];           直线段拟合抛物线轮廓
#2＝－#1*#1/12              抛物线坐标系中的 Z 坐标
#3＝2*#1＋#151;             工件坐标系中的 X 坐标
#4＝#2;                     工件坐标系中的 Z 坐标
#1＝#1＋0.5;                X 坐标(自变量)不断增加
END2;                      循环结束
G00 U2. ;
Z2. ;
M99;                       子程序结束
```

2. 不完整（部分）抛物线编程

【例 2-9】　抛物面（编程轮廓为不完整抛物线）如图 2-19 所示，用宏程序编写其粗、精加工程序。

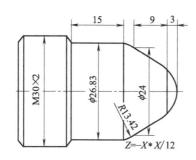

图 2-19　不完整抛物线编程实例

（1）编程思路

所谓不完整物线，指的是零件轮廓包含部分抛物线，如图 2-19 所示，抛物线的焦点在 Z 轴上，抛物线的顶点不在工件右端面中心（需要将抛物线坐标系中的 Z 坐标转换到编程坐标系中）。

具体加工方法和前面所述一样，这里不再赘述。

先分析子程序编写。将抛物线坐标系中的 X 坐标定义为自变量 #1，但其初值为 6，而不再是 0，抛物线坐标系中的 Z 坐标定义为变量 #2，#2 与 #1 之间的关系可表达为：#2＝－#1*#1/12，自变量 #1（动点 X 坐标）不断变化（加 0.5），#2（动点 Z 坐标）也随之变化。抛物线拟合的循环判定条件为：当 #1 小于等于 12 时，进行直线拟合循环，当♯1大于12时，循环结束。

再分析主程序编写。将工件精加工轮廓在 X 方向的偏移距离（为了进行粗加工）定义为自变量♯151（这里必须使用全局变量），其初值为 X 方向的最大切削余量12（直径量），每次转移调用子程序完成一次粗加工，自变量♯151减2（单边切削深度为1mm）。转移判定条件为：当♯151大于等于1时，不断通过条件转移调用子程序，当♯151小于1时，条件转移结束，粗加工完成。

整个程序的执行流程如图2-20所示。

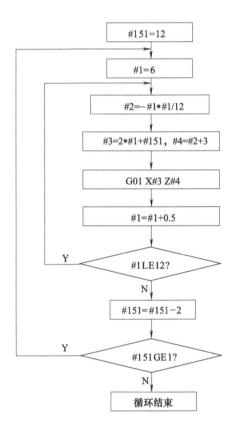

图 2-20　程序执行流程

（2）变量设置

编程用到的具体变量的设置见表2-10。

表 2-10　变量设置

变量	表示内容	表达式	取值范围
♯1	抛物线坐标系中的 X 坐标	自变量	6～12
♯2	抛物线坐标系中的 Z 坐标	$\#2 = -\#1 * \#1/12$	−12～−3
♯3	工件坐标系中的 X 坐标	$\#3 = 2 * \#1$	12～24
♯4	工件坐标系中的 Z 坐标	$\#4 = \#2$	−9～0
♯151	抛物线轮廓在 X 方向的偏移距离	自变量	1～12

（3）程序编写

刀具为 93°外圆车刀，刀号为 T01，编程原点在工件右端面中心，程序编写如下。

```
O1000;                     主程序
G40 G98;                   初始化
T0101;                     换 1 号刀,建立工件坐标系
M03 S800 F100;             粗加工切削参数
G00 X30. Z2. ;
#151＝12;                  抛物线轮廓在 X 方向的偏移距离,初值为 12
N1 M98 P1001;              不断调用子程序,进行粗加工
#151＝#151－2;              偏移距离不断减小
IF[#151GE1]GOTO1;          若条件成立,跳转到 N1
G00 U2. ;
Z2. ;
M03 S1000 F50;             精加工切削参数
#151＝0;                   偏移距离设为 0,进行精加工
M98 P0012;                 调用子程序,进行精加工
G00 X100. Z100. ;          快速返回
M05;                       主轴停止
M30;                       主程序结束并复位
O1001;                     子程序
#1＝6;                     抛物线坐标系中的 X 坐标,初值为 6
WHILE[#1LE12]DO2;          给定循环条件
G01 X[#3] Z[#4];           直线段拟合抛物线轮廓
#2＝－#1*#1/12              抛物线坐标系中的 Z 坐标
#3＝2*#1＋#151;             工件坐标系中的 X 坐标
#4＝#2;                    工件坐标系中的 Z 坐标
#1＝#1＋0.5;                X 坐标(自变量)不断增加
END2;                      循环结束
G00 U2. ;
Z2. ;
M99;                       子程序结束
```

3. X 向有偏心抛物线编程

【例 2-10】　抛物面（编程轮廓为 X 向有偏心抛物线）如图 2-21 所示，用宏程序编写其粗、精加工程序。

（1）编程思路

所谓 X 向有偏心抛物线，指的是抛物线的焦点不在 Z 轴上。如图 2-21 所示，抛物线

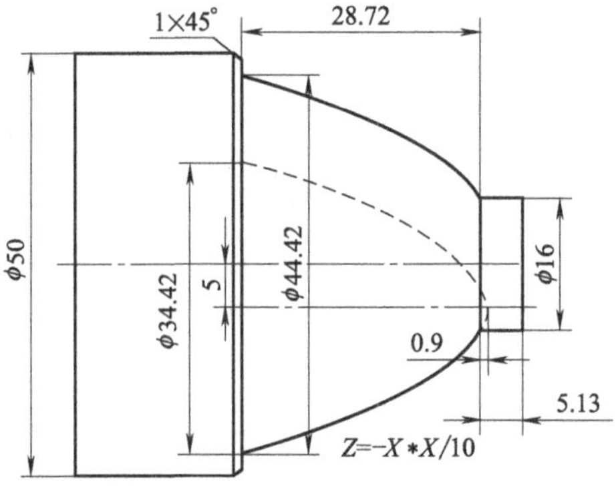

图 2-21　X 向有偏心抛物线编程实例

的焦点偏离 Z 轴 5mm，抛物线的顶点也不在工件右端面中心（需要将抛物线坐标系中的 Z 坐标转换到编程坐标系中）。

在加工抛物面之前，先要在直径为 50mm 的棒料毛坯上加工出直径为 44.42mm 的圆柱面（长度为 28.72mm），使用 G71 复合循环完成粗加工，精加工使用 G70 循环。

在直径为 44.42mm 的圆柱面上加工抛物面的具体方法和前面所述一样，这里不再赘述。

先分析子程序编写。将抛物线坐标系中的 X 坐标定义为自变量 ♯1，其初值为 3，抛物线坐标系中的 Z 坐标定义为变量 ♯2，♯2 与 ♯1 之间的关系可表达为：♯2＝－♯1 ＊ ♯1/10，自变量 ♯1（动点 X 坐标）不断变化（加 0.5），♯2（动点 Z 坐标）也随之变化。抛物线拟合的循环判定条件为：当 ♯1 小于等于 17.21 时，进行直线拟合循环，当 ♯1 大于 17.21 时，循环结束。

再分析主程序编写。将工件精加工轮廓在 X 方向的偏移距离（为了进行粗加工）定义为自变量 ♯151（这里必须使用全局变量），其初值为 X 方向的最大切削余量 28.42（直径量），每次转移调用子程序完成一次粗加工，自变量 ♯151 减 2（单边切削深度为 1mm）。转移判定条件为：当 ♯151 大于等于 1 时，不断通过条件转移调用子程序，当 ♯151 小于 1 时，条件转移结束，粗加工完成。整个程序的执行流程如图 2-22 所示。

（2）变量设置

编程用到的具体变量的设置见表 2-11。

表 2-11　变量设置

变量	表示内容	表达式	取值范围
♯1	抛物线坐标系中的 X 坐标	自变量	3～17.21
♯2	抛物线坐标系中的 Z 坐标	♯2＝－♯1 ＊ ♯1/10	－29.62～－0.9
♯3	工件坐标系中的 X 坐标	3＝2 ＊ ♯1＋10	16～44.42
♯4	工件坐标系中的 Z 坐标	♯4＝♯2＋0.9	－28.72～0
♯151	工件精加工轮廓在 X 方向的偏移距离	自变量	1～28.42

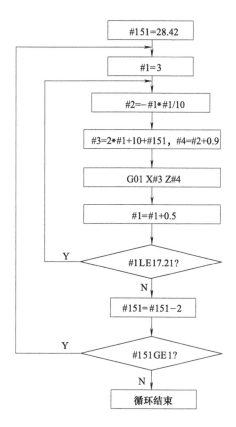

图 2-22 程序执行流程

（3）程序编写

刀具为 93°外圆车刀，刀号为 T01，编程原点在工件右端面中心，程序编写如下。

```
O1000;
G40 G98;                      初始化
T0101;                        换 1 号刀,建立工件坐标系
M03 S800 F100;
G00 X52. Z2. ;                快速定位到循环起点
G71 U2. R1. ;                 外径粗车复合循环
G71 P1 Q2 U0.5 W0.1;
N1 G00 X16. ;                 精加工起始程序段
G01 Z-5.13;
X44.42;
W-28.72;
N2 X50. ;                     精加工结束程序段
G00 U2. ;
Z2. ;
```

```
G70 P1 Q2;                    精加工循环
G00 X45. Z2. ;
#151＝28.42;                   抛物线轮廓在 X 方向的偏移距离,初值为 28.42

N3 M98 P1001;                 不断调用子程序,进行粗加工
#151＝#151－2;                 偏移距离不断减小
IF［#151GE1]GOTO3;            若条件成立,跳转到 N3
G00 U2. ;
Z2. ;
M03 S1000 F50;                精加工切削参数
#151＝0;                       偏移距离设为 0,进行精加工
M98 P0012;                    调用子程序,进行精加工
G00 X100. Z100. ;             快速返回
M05;                          主轴停止
M30;                          主程序结束并复位
O1001;                        子程序
#1＝3;                         抛物线坐标系中的 X 坐标,初值为 3
WHILE［#1LE17.21]DO2;         给定循环条件
G01 X［#3] Z［#4];            直线段拟合椭圆轮廓
#2＝－#1*#1/10;               抛物线坐标系中的 Z 坐标
#3＝2*#1＋10＋#151;           工件坐标系中的 X 坐标
#4＝－#1*#1/10＋0.9;          工件坐标系中的 Z 坐标
#1＝#1＋0.5;                  X 坐标(自变量)不断增加
END2;                         循环结束
G00 U2. ;
Z2. ;
M99;                          子程序结束
```

4. 包含抛物线轮廓综合编程

【例 2-11】 如图 2-23 所示,毛坯为 φ72mm×150mm,编写其加工程序 (粗、精加工),其中椭圆部分用宏程序编写。

(1) 抛物线部分编程思路

在加工抛物面之前,先要在直径为 72mm 的棒料毛坯上加工出直径为 42mm 的圆柱面 (长度为 44.1mm),使用 G71 复合循环完成粗加工,精加工使用 G70 循环。

在直径为 42mm 的圆柱面 (长度为 44.1mm) 上加工抛物面,粗加工使用 G73 复合循环,把加工抛物线的宏程序嵌入 G73 复合循环,抛物线部分的宏程序使用条件转移语句,精加工使用 G70 循环。

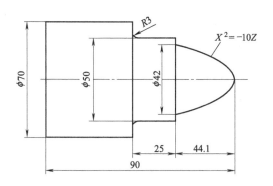

图 2-23 抛物线宏程序编程实例

下面分析如何确定抛物线拟合直线段的动点坐标间的迭代关系及给定条件转移的判定条件。

将抛物线坐标系中的 X 坐标定义为自变量 ♯1，抛物线坐标系中的 Z 坐标定义为变量 ♯2，♯2 与 ♯1 之间的关系可表达为：♯2＝－♯1＊♯1/10，自变量 ♯1（动点 X 坐标）不断变化（加 0.5），♯2（动点 Z 坐标）也随之变化。抛物线拟合的循环判定条件为：当 ♯1 小于等于 21 时，进行直线拟合循环，当 ♯1 大于 21 时，循环结束。抛物线拟合循环的程序执行流程如图 2-24 所示。

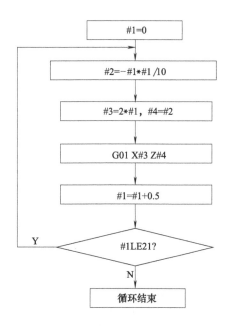

图 2-24 抛物线拟合循环流程

（2）变量设置

编程用到的具体变量的设置见表 2-12。

表 2-12　变量设置

变量	表示内容	表达式	取值范围
#1	抛物线坐标系中的 Z 坐标	自变量	−44.1～0
#2	抛物线坐标系中的 X 坐标	#2=−#1*#1/10	0～21
#3	工件坐标系中的 X 坐标	#3=2*#1	0～42
#4	工件坐标系中的 Z 坐标	#4=#2	−44.1～0

（3）程序编写

所用刀具为外轮廓粗加工刀 T01、精加工刀 T02，编程原点在工件右端面中心，程序
编写如下。

```
O1000;                        程序名
G98;                          初始化,指定分进给
T0101;                        换 1 号刀,建立工件坐标系,粗加工
M03 S600;                     主轴正转,转速 600r/min
G00 X74 Z2;                   快速定位到 G71 循环起点
G71 U1.5 R1.;                 外径车削复合循环
G71 P10 Q20 U0.3 W0 F100;
N10 G00 X43.;                 精加工开始,留下加工椭圆部分的余量
G01 Z−44.1 F50;
X50.;
W−22.;
G02 X56. W−3. R3.;
G01 X70.;
N20 Z−90.;                    精加工结束
X74.;                         X 方向退刀
G00 X100. Z100.;              快速返回换刀点
M05;                          主轴停转
M00;                          程序暂停,测量
T0202;                        换 2 号刀,建立工件坐标系,精加工
M03 S1000;                    主轴正转,转速 1000r/min
G00 X74. Z2.;                 快速定位到循环起点
G70 P10 Q20;                  精车循环
G00 X100. Z100.;              快速返回换刀点
T0101;                        换 1 号刀,建立工件坐标系,粗加工
G00 X45. Z2. S600;            快速定位到 G73 循环起点
G73 U21.2 R18.;               闭合车削复合循环
G73 P30 Q40 U0.4 W0 F100;
```

```
N30 G00 X0;                  精加工开始
G01 Z0 F50;
#1=0;                        定义抛物线轮廓的 X 坐标为自变量,初始值为 0
N2 #2=－#1＊#1/10;            通过公式算出对应的抛物线坐标系中的 Z 坐标值
G01 X[#3] Z[#4];             直线插补,拟合抛物线
#3=2＊#1;
#4=#2;
#1=#1+0.5;                   自变量递增,步距为 0.5
IF[#1LE21]GOTO2;             设定转移条件,条件成立时,转移到 N2 程序段执
                             行,21 是抛物线轮廓终点在抛物线坐标系中 X 坐
                             标值
N40 G01 X42.Z－29.614;       插补到抛物线轮廓终点,精加工结束
X45.;                        X 向退刀
G00 X100.Z100.;             快速返回换刀点
T0202;                       换 2 号刀,建立工件坐标系,精加工
M03 S1000;                   主轴正转,转速 1000r/min
G00 X45.Z2.;                快速定位到循环起点
G70 P30 Q40;                 精车循环
G00 X100.Z100.;             快速返回换刀点
M05;                         主轴停转
M30;                         程序结束并复位
```

【例 2-12】　完成如图 2-25 所示零件的编程，毛坯为 ϕ30mm×80mm 棒料。抛物线部分用宏程序编写，并嵌入 G73 循环中。所用刀具为 90°外圆粗车刀 T01、90°外圆精车刀 T02。

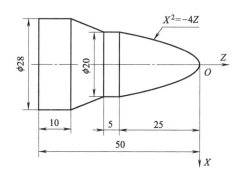

图 2-25　抛物线宏程序编制实例

（1）抛物线部分编程思路

在加工抛物面之前，先要在直径为 30mm 的棒料毛坯上加工出直径为 20mm 的圆柱

面（长度为 30mm），使用 G71 复合循环完成粗加工，精加工使用 G70 循环。

在直径为 20mm 的圆柱面（长度为 25mm）上加工抛物面，粗加工使用 G73 复合循环，把加工抛物线的宏程序嵌入 G73 复合循环，抛物线部分的宏程序使用循环语句，精加工使用 G70 循环。

下面分析如何确定抛物线拟合直线段的动点坐标间的迭代关系及给定条件转移的判定条件。

将抛物线坐标系中的 X 坐标定义为自变量 $\#1$，抛物线坐标系中的 Z 坐标定义为变量 $\#2$，$\#2$ 与 $\#1$ 之间的关系可表达为：$\#2 = -\#1 * \#1 / 4$，自变量 $\#1$（动点 X 坐标）不断变化（加 0.5），$\#2$（动点 Z 坐标）也随之变化。抛物线拟合的循环判定条件为：当 $\#1$ 小于等于 10 时，进行直线拟合循环，当 $\#1$ 大于 10 时，循环结束。抛物线拟合循环的程序执行流程如图 2-26 所示。

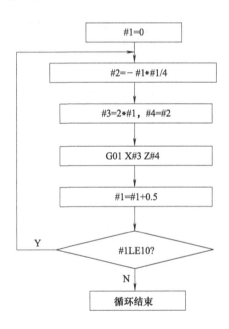

图 2-26　抛物线拟合循环流程

（2）变量设置

编程用到的具体变量的设置见表 2-13。

表 2-13　变 量 设 置

变量	表示内容	表达式	取值范围
$\#1$	抛物线坐标系中的 X 坐标	自变量	$0 \sim 10$
$\#2$	抛物线坐标系中的 Z 坐标	$\#2 = -\#1 * \#1 / 4$	$-25 \sim 0$
$\#3$	工件坐标系中的 X 坐标	$\#3 = 2 * \#1$	$0 \sim 20$
$\#4$	工件坐标系中的 Z 坐标	$\#4 = \#2$	$-25 \sim 0$

（3）程序编写

刀具为 93°外圆车刀，刀号为 T01，编程原点在工件右端面中心，程序编写如下。

程序	说明
O1000;	程序名
G40 G98;	初始化
T0101;	换 1 号刀,建立工件坐标系
M03 S600;	主轴正转,转速 600r/min
G00 X32. Z2.;	快速定位到 G71 循环起点
G71 U1.5 R1.;	外径车削复合循环
G71 P10 Q20 U0.3 W0.1 F100;	
N10 G00 X20. S1000;	精加工起始程序段
G01 Z-30 F50;	
X28 Z-40.;	
N20 Z-50.;	精加工结束程序段
G70 P10 Q20;	精车循环
G00 X22. Z2.;	快速定位到 G73 循环起点
G73 U10.2 R10.;	闭合车削复合循环
G73 P30 Q40 U0.4 W0.1 F100;	闭合车削复合循环
N30 G00 X0 S1000;	精加工开始
G01 Z0 F50;	
#1=0;	定义 X 坐标为自变量# 2,初始值为 0
#2=-#1*#1/4;	Z 坐标计算(抛物线坐标系)
WHILE[#1LE10]DO1;	设定循环条件(# 10 小于等于 10)
G01 X[#3] Z[#4];	直线插补拟合抛物线轨迹
#3=2*#1;	工件坐标系中的 X 坐标
#4=#2;	工件坐标系中的 Z 坐标
#1=#1+0.5;	自变量递增,步长为 0.5
N40 END1;	循环结束
X22.;	退刀
G00 X100. Z100.;	快速返回换刀点
M05;	主轴停转
M30;	程序结束并复位

2.2.3　宏程序在双曲线编程中的应用

1. 标准双曲线编程

【例 2-13】　双曲面（编程轮廓为标准双曲线）如图 2-27 所示，用宏程序编写其粗、精加工程序。

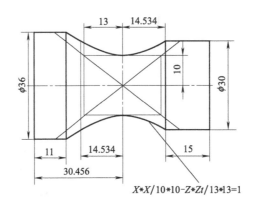

图 2-27 标准双曲线编程实例

（1）编程思路

所谓标准双曲线，指的是双曲线的中心在 Z 轴上。如图 2-27 所示，双曲线在 X 方向不存在偏心，双曲线的中心与工件原点（工件右端面中心）不重合。

粗加工不使用 G73 复合循环，而是给定粗加工参数和转移条件，反复调用用宏程序编写的加工双曲线的子程序，实现多次去余量粗加工（走出多个等距的双曲线轨迹），然后给定精加工参数和转移条件，再调用一次子程序，实现精加工。

子程序编程的关键点在于确定双曲线拟合直线段的动点坐标间的迭代关系及给定循环的判定条件。

将双曲线坐标系中的 Z 坐标定义为自变量 ♯1，双曲线坐标系中的 X 坐标定义为变量 ♯2，♯2 与 ♯1 之间的关系可表达为：♯2＝10 * SQRT[13 * 13＋[♯1 * ♯1]]/13，自变量 ♯1（动点 Z 坐标）不断变化（减 0.5），♯2（动点 X 坐标）也随之变化。双曲线拟合的循环判定条件为：当 ♯1 大于等于－19.456 时，进行直线拟合循环，当 ♯1 小于－19.456 时，循环结束。

主程序编程的关键点在于给定多次转移的判定条件。将工件精加工轮廓在 X 方向的偏移距离（为了进行粗加工）定义为自变量 ♯151（这里必须使用全局变量），其初值为 X 方向的最大切削余量 16（直径量），每次转移调用子程序完成一次粗加工，自变量 ♯151 减 2（单边切削深度为 1mm）。转移判定条件为：当 ♯151 大于等于 1 时，不断通过条件转移调用子程序，当 ♯151 小于 1 时，条件转移结束，粗加工完成。

整个程序的执行流程如图 2-28 所示。

（2）变量设置

编程用到的具体变量的设置见表 2-14。

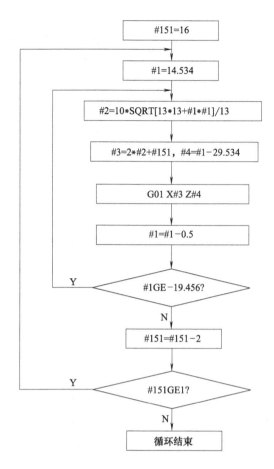

图 2-28 程序执行流程

表 2-14 变量设置

变量	表示内容	表达式	取值范围
#1	双曲线坐标系中的 Z 坐标	自变量	$-19.456 \sim 14.534$
#2	双曲线坐标系中的 X 坐标	$\#2 = 10 * SQRT[13 * 13 + \#1 * \#1]/13$	$10 \sim 18$
#3	工件坐标系中的 X 坐标	$\#3 = 2 * \#2$	$20 \sim 36$
#4	工件坐标系中的 Z 坐标	$\#4 = \#1 - 29.534$	$-48.99 \sim -15$
#151	抛物线轮廓在 X 方向的偏移距离	自变量	$1 \sim 16$

（3）程序编写

刀具为 93°外圆车刀，刀号为 T01，编程原点在工件右端面中心，程序编写如下。

```
O1000;                        主程序
G40 G98;                      初始化
T0101;                        换 1 号刀,建立工件坐标系
```

```
M03 S600 F100;                          粗加工切削参数
G00 X40.Z2.;                            快速定位到粗车起始点
#151=16;                                双曲线轮廓在 X 方向的偏移距离,初值
                                        为 16

N1 M98 P1001;                           不断调用子程序,进行粗加工
#151=#151-2;                            偏移距离不断减小
IF[#151GE1]GOTO1;                        若条件成立,跳转到 N1
G00 U2.;
Z2.;
M03 S1000 F50;                          精加工切削参数
#151=0;                                 偏移距离设为 0,进行精加工
M98 P1001;                              调用子程序,进行精加工
G00 X100.Z100.;                         快速返回
M05;                                    主轴停止
M30;                                    主程序结束并复位
O1001;                                  子程序
#1=14.534;                              双曲线坐标系中的 Z 坐标,初值为 14.534
WHILE[#1GE-19.456]DO2;                   给定循环条件
G01 X[#3] Z[#4];                         直线段拟合双曲线轮廓
#2=10*SQRT[13*13+#1*#1]/13;              双曲线坐标系中的 X 坐标
#3=2*#2+#151;                            工件坐标系中的 X 坐标
#4=#1-29.534;                            工件坐标系中的 Z 坐标
#1=#1-0.5;                               Z 坐标(自变量)不断减小
END2;                                   循环结束
G00 U2.;
Z2.;
M99;                                    子程序结束
```

2. 偏心双曲线编程

【例 2-14】　双曲面（编程轮廓为偏心双曲线）如图 2-29 所示，用宏程序编写其粗、精加工程序。

（1）编程思路

所谓偏心双曲线，指的是双曲线的中心不在 Z 轴上。如图 2-29 所示，双曲线在 X 方向存在偏心（偏心距离为 5mm），双曲线的中心与工件原点（工件右端面中心）不重合。

先进行零件轮廓的初步加工（这里只考虑加工右端轮廓，双曲线部分按照直线处理），

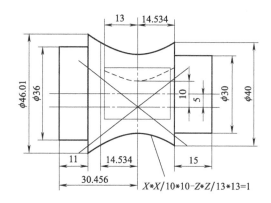

图 2-29　偏心双曲线编程实例

使用 G71 复合循环完成粗加工，精加工使用 G70 循环。

双曲线部分去余量的加工方法和前面所述一样，这里不再赘述。

先分析子程序的编写。将双曲线坐标系中的 Z 坐标定义为自变量 #1，双曲线坐标系中的 X 坐标定义为变量 #2，#2 与 #1 之间的关系可表达为：#2＝10 * SQRT[13 * 13＋#1 * #1]/13，自变量 #1（动点 Z 坐标）不断变化（减 0.5），#2（动点 X 坐标）也随之变化。双曲线拟合的循环判定条件为：当 #1 大于等于－19.456 时，进行直线拟合循环，当 12 小于－19.456 时，循环结束。

再分析主程序的编写。将工件精加工轮廓在 X 方向的偏移距离（为了进行粗加工）定义为自变量 #151（这里必须使用全局变量），其初值为 X 方向的最大切削余量 16.01（直径量），每次转移调用子程序完成一次粗加工，自变量 #151 减 2（单边切削深度为 1mm）。转移判定条件为：当 #151 大于等于 1 时，不断通过条件转移调用子程序，当 #151 小于 1 时，条件转移结束，粗加工完成。

整个程序的执行流程如图 2-30 所示。

（2）变量设置

编程用到的具体变量的设置见表 2-15。

表 2-15　变量设置

变量	表示内容	表达式	取值范围
#1	双曲线坐标系中的 Z 坐标	自变量	－19.456～14.534
#2	双曲线坐标系中的 X 坐标	#2＝10 * SQRT[13 * 13＋#1 * #1]/13	10～18
#3	工件坐标系中的 X 坐标	#3＝2 * #4＋10	30～46.01
#4	工件坐标系中的 Z 坐标	#4＝#1－29.534	－48.99～－15
#151	抛物线轮廓在 X 方向的偏移距离	自变量	1～16.01

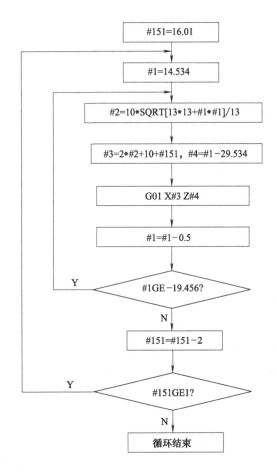

图 2-30   程序执行流程

（3）程序编写

刀具为 93°外圆车刀，刀号为 T01，编程原点在工件右端面中心，程序编写如下。

```
O1000;
G40 G98;                          初始化
T0101;                            换 1 号刀,建立工件坐标系
M03 S800 F100;
G00 X52. Z2. ;                    快速定位到 G71 循环起点
G71 U2. R1. ;                     外径车削复合循环
G71 P1 Q2 U0. 5 W0.1;
N1 G00 X30. ;                     精加工起始程序段
G01 Z-15. ;
X40. ;
X47. Z-55. ;
N2 G00 U2. Z2. ;                  精加工结束程序段
```

```
G70 P1 Q2;                               精车循环
G00 X52. Z2. ;
#151＝16. 01;                            双曲线轮廓在 X 方向的偏移距离,
                                         初值为 16. 01
N3 M98 P1001;                            不断调用子程序,进行粗加工
#151＝#151－2;                           偏移距离不断减小
IF[#151GE1]GOTO3;                        若条件成立,跳转到 N3 执行
G00 U2. Z2. ;
M03 S1000 F50;                           精加工切削参数
#151＝0;                                 偏移距离设为 0,进行精加工
M98 P1001;                               调用子程序,进行精加工
G00 X100. Z100. ;                        快速返回
M05;                                     主轴停止
M30;                                     主程序结束并复位
O1001;                                   子程序
#1＝14. 534;                             双曲线坐标系中的 Z 坐标,初值为
                                         14. 534

G01 X[#3] Z[#4];                         直线段拟合双曲线轮廓
N1WHILE[#1GE－19. 47]DO2;                给定循环条件
#2＝10＊SQRT[13＊13＋[#1＊#1]]/13;        双曲线坐标系中的 X 坐标
#3＝2＊#2＋10＋#151;                      工件坐标系中的 X 坐标
#4＝#1－29. 534;                         工件坐标系中的 Z 坐标
#1＝#1－0. 5;                            Z 坐标(自变量)不断减小
END2;                                    循环结束
G00 U2. ;
Z2. ;
M99;                                     子程序结束
```

3. 特殊双曲线编程

【例 2-15】　双曲面（编程轮廓为特殊双曲线）如图 2-31 所示，用宏程序编写其粗、精加工程序。

所谓特殊双曲线指的是反比例函数对应的图像，是等轴双曲线，其以原点为中心，以坐标轴为渐近线，以 $y＝\pm x$ 为对称轴。

如图 2-31 所示，双曲线在 Z 方向的轮廓较长，在 X 方向的轮廓较短，整个零件形状可以看作双曲线形细长轴。由于毛坯尺寸较大，而双曲线轮廓所在处的尺寸较小，这样粗加工余量很大，如果整个粗加工去余量过程完全使用调取宏程序编写的子程序的方式，将会使得粗加工的计算量很大，程序的执行时间会很长，效率会很低，为了提高加工效率，

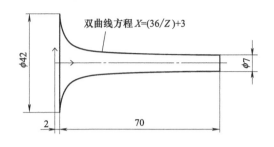

图 2-31   特殊双曲线编程实例

采用粗车→半精车→精车的多工序加工。

先使用纵向单一固定循环去除大部分余量完成粗加工，再使用宏循环语句完成半精加工和精加工，为了提高双曲线轮廓的加工精度，精加工使用刀具半径补偿。

（1）粗车加工

为了使粗加工后的轮廓接近双曲线，要把毛坯加工成阶梯状。这样单一固定循环的终点坐标要在双曲线上不断变化，从而要使用变量，而且每次切削在 X 方向要留下单边 0.3mm 的余量。循环起点的 X 也要不断变化。

对图中所给双曲线方程进行变换，得出 $Z=36/(X-3)$。

将双曲线坐标系中的 X 坐标定义为自变量 #1，双曲线坐标系中的 Z 坐标定义为变量 #2，#2 与 #1 之间的关系可表达为：#2=36/[#1-3]，自变量 #1（动点 X 坐标）不断变化（减 1，背吃刀量为 1mm），#2（动点 Z 坐标）也随之变化，即可使用纵向单一固定循环指令 G90 完成多次粗车循环。粗车循环的判定条件为：当 #1 大于等于 3.5 时，进行粗车循环，当 #1 小于 3.5 时，循环结束。粗车循环的程序执行流程如图 2-32 所示。

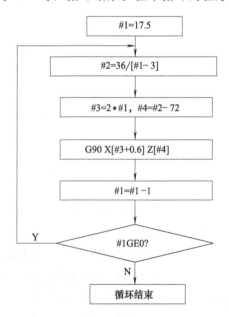

图 2-32   粗车循环程序执行流程

① 变量设置。编程用到的具体变量的设置见表 2-16。

表 2-16　变量设置

变量	表示内容	表达式	取值范围
♯1	双曲线坐标系中的 X 坐标	自变量	3.5～21
♯2	双曲线坐标系中的 Z 坐标	$\sharp2=36/[\sharp1-3]$	2～72
♯3	工件坐标系中的 X 坐标	$\sharp3=2*\sharp1$	7～42
♯4	工件坐标系中的 Z 坐标	$\sharp4=\sharp2-72$	-70～0

② 程序编写。刀具为 93°外圆车刀，刀号为 T01，编程原点在工件右端面中心，程序编写如下。

```
O1000;
G40 G98;                    初始化
T0101;                      换 1 号刀,建立工件坐标系
M03 S600;
♯1=17.5;                    双曲线坐标系中的 X 坐标
WHILE[♯1GE3.5]DO1;          给定循环条件
G00 X[♯3+2] Z2. ;           快速定位到每次粗车循环起点
G90 X[♯3+0.6] Z[♯4] F100;   单一固定循环
♯2=36/[♯1-3];              双曲线坐标系中的 Z 坐标
♯3=2*♯1;                   工件坐标系中的 X 坐标
♯4=♯2-72;                  工件坐标系中的 Z 坐标
♯1=♯1-2;                   X 坐标(自变量)不断减小
END1;                       循环结束
M05;                        主轴停止
M30;                        程序结束并复位
```

（2）半精车加工

把粗加工形成的阶梯状加工成双曲线形状，但 X 方向要留有单边 0.3mm 的余量。

直接用图中所给双曲线方程进行编程，即 $X=36/Z+3$。将双曲线坐标系中的 Z 坐标定义为自变量♯1，双曲线坐标系中的 X 坐标定义为变量♯2，♯2 与♯1 之间的关系可表达为：$\sharp2=[36/\sharp1]+3.3$，自变量♯1（动点 Z 坐标）不断变化（减 0.5），♯2（动点 X 坐标）也随之变化。半精加工双曲线拟合的循环判定条件为：当♯1 大于等于 2 时，进行直线拟合循环，当♯1 小于 2 时，循环结束。半精车循环的程序执行流程如图 2-33 所示。

① 变量设置。编程用到的具体变量的设置见表 2-17。

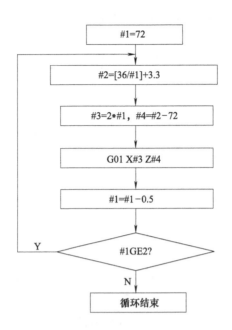

图 2-33　半精车循环程序执行流程

表 2-17　变量设置

变量	表示内容	表达式	取值范围
#1	双曲线坐标系中的 Z 坐标	自变量	2～72
#2	双曲线坐标系中的 X 坐标	#2=[36/#1]+3.3	3.8～21.3
#3	工件坐标系中的 X 坐标	#3=2*#1	7.6～42.6
#4	工件坐标系中的 Z 坐标	#4=#2-72	-70～0

② 程序编写。刀具为 93°外圆车刀，刀号为 T01，编程原点在工件右端面中心，程序编写如下。

```
O1000;
G40 G98;                       初始化
T0101;                         换 1 号刀,建立工件坐标系
M03 S600;
G00 X9 Z2;                     快速定位到半精车加工起始点
#1=72;                         双曲线坐标系中的 Z 坐标
WHILE[#1GE2]DO1;               给定循环条件
G01 X[#3] Z[#4] F100;          直线段拟合双曲线轮廓
#2=[36/#1]+3.3;                双曲线坐标系中的 X 坐标
#3=2*#1;                       工件坐标系中的 X 坐标
#4=#2-72;                      工件坐标系中的 Z 坐标
#1=#1-0.5;                     Z 坐标(自变量)不断减小
```

END1;	循环结束
M05;	主轴停止
M30;	程序结束并复位

（3）精车加工

把半精加工形成的双曲线形状进行精加工，形成最终的双曲线精加工轮廓。

直接用图中所给双曲线方程进行编程，即 $X = 36/Z + 3$。将双曲线坐标系中的 Z 坐标定义为自变量 #1，双曲线坐标系中的 X 坐标定义为变量 #2，#2 与 #1 之间的关系可表达为：$#2 = [36/#1] + 3$，自变量 #1（动点 Z 坐标）不断变化（减 0.1），#2（动点 X 坐标）也随之变化。半精加工双曲线拟合的循环判定条件为：当 #1 大于等于 2 时，进行直线拟合循环，当 #1 小于 2 时，循环结束。精车循环的程序执行流程如图 2-34 所示。

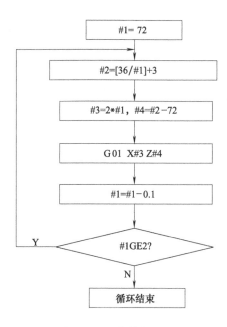

图 2-34 程序执行流程

① 变量设置。编程用到的具体变量的设置见表 2-18。

表 2-18 变量设置

变量	表示内容	表达式	取值范围
#1	双曲线坐标系中的 Z 坐标	自变量	2~72
#2	双曲线坐标系中的 X 坐标	$#2 = [36/#1] + 3$	3.5~21
#3	工件坐标系中的 X 坐标	$#3 = 2 * #1$	7~42
#4	工件坐标系中的 Z 坐标	$#4 = #2 - 72$	−70~0

② 程序编写。刀具为 93°外圆车刀，刀号为 T01，编程原点在工件右端面中心，程序编写如下。

```
O1000;
G40 G98;                            初始化
T0101;                              换1号刀,建立工件坐标系
M03 S600;
G00 X7 Z2;                          快速定位到半精车加工起始点
#1=72;                              双曲线坐标系中的 Z 坐标
WHILE[#1GE2] DO2;                   给定循环条件
G42 G01 X[#3] Z[#4] F0.1;           直线段拟合双曲线轮廓,建立刀尖半径右补偿
#2=[36/#1]+ 3.3;                    双曲线坐标系中的 X 坐标
#3= 2 * #1;                         工件坐标系中的 X 坐标
#4=#2-72;                           工件坐标系中的 Z 坐标
#2=#2-0.1;                          Z 坐标(自变量)不断减小
END2;                               循环结束
G40 G00 X100. Z100.                 快速返回,取消刀尖半径补偿
M05;                                主轴停止
M30;                                程序结束并复位
```

第3章

宏程序在数控车削简化及优化编程中的应用

3.1 宏程序在数控车削简化编程中的应用

3.1.1 多刀车削简化编程

【例 3-1】 对如图 3-1 所示锥面分三刀粗进行加工，用宏程序进行简化编程。

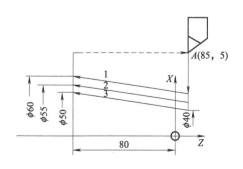

图 3-1 多刀车削加工

1. 编程思路

多刀进行粗加工，每一刀的切削轨迹相似，就是 X 方向的切削位置不一样，这样可以将每一刀的切削编成子程序，然后通过宏程序条件转移不断调用子程序实现多刀粗加工，但要注意每次调用时 X 方向刀具位置的变化。

将循环调用次数定义为变量 $\#1$，$\#1$ 每变化一次，调用一次子程序。子程序循环调用的判定条件为：当 $\#1$ 小于等于 3 时，进行循环调用，当 $\#1$ 大于 3 时，循环调用结束。子程序循环调用的程序执行流程如图 3-2 所示。

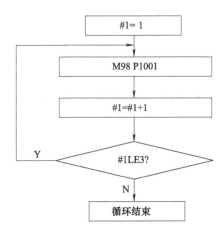

图 3-2   子程序循环调用程序执行流程

2. 变量设置

编程用到的具体变量的设置见表 3-1。

表 3-1   变量设置

变量	表示内容	表达式	取值范围
$\#1$	循环控制次数	自变量	1～3

3. 程序编写

刀具为 93°外圆车刀，刀号为 T01，编程原点在工件右端面中心，程序编写如下。

程序	说明
O1000;	主程序
T0101;	换 1 号刀,建立工件坐标系
M03 S600;	主轴正转,转速为 600r/min
G00 X85.Z5.M08;	定位到切削起点,开冷却液
$\#1=1$;	循环控制次数
N1 M98 P1001;	1001 号子程序循环调用 3 次
$\#1=\#1+1$;	循环控制次数不断变化(加 1)
IF[$\#1$LE3]GOTO1;	条件成立,跳转到 N1
G00 X100.Z100.;	快速返回
M05;	停主轴

```
M30;                          主程序结束并复位
O1001;                        子程序
G00 U－35.;                    快速下刀至路径 1 的延长线处
G01 U10.W－85.F0.15;           沿路径 1 直线切削
G00 U25.;                     快速退刀至 X85
G00 Z5.;                      快速返回至 A 点
G00 U－5.;                     向 X 负向递进 5mm
M99;                          子程序结束
```

3.1.2 形状相同部位加工简化编程

【例 3-2】 如图 3-3 所示，零件的外轮廓已加工，现需完成形状相同的切槽加工，用宏程序进行简化编程。

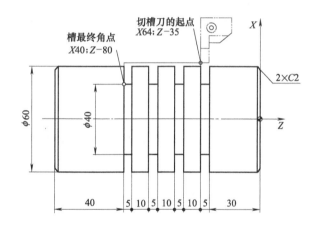

图 3-3 形状相同槽的加工

1. 编程思路

形状相同部位的加工，每一刀的切削动作完全相同，就是 Z 方向的切削位置不一样。这样可以通过宏程序条件转移不断执行某一固定的切削动作而实现不同部位相同形状的加工，但要注意每次调用时 Z 方向刀具位置的变化。

将每次切槽 Z 方向偏移距离定义为变量 $\#1$，其为常量，将每次切槽刀尖 Z 方向坐标值定义为变量 $\#2$，$\#2＝\#2－\#1$。通过使用宏程序的转移功能，$\#2$ 每变化一次，完成一次切槽循环。切槽循环的判定条件为：当 $\#2$ 大于等于 -80 时，进行切槽循环，当 $\#2$ 小于 -80 时，循环结束。切槽循环的程序执行流程如图 3-4 所示。

2. 变量设置

编程用到的具体变量的设置见表 3-2。

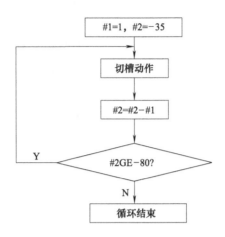

图 3-4   切槽循环程序执行流程

表 3-2   变量设置

变量	表示内容	表达式	取值范围
#1	Z 方向偏移距离	常量	15
#2	Z 方向坐标值	#2=#2−#1	−35～−80

3. 程序编写

切槽刀的刀宽为 5mm，刀号为 T02，编程原点在工件右端面中心，程序编写如下。

O1000;	程序名
T0202;	换 2 号刀,建工件坐标系,切槽
M03 S300;	主轴正转,转速 300r/min
#1=15;	Z 方向每次偏移距离
#2=−35;	Z 方向坐标值
N1 G00 X64. Z#2;	左刀尖定位至第一个槽左侧
G01 X40. F0. 05;	切槽至槽底
G04 P2000;	槽底暂停 2s
G00 X64. ;	快速退刀
#2=#2−#1;	Z 方向坐标值不断变化(减偏移距离)
IF[#2GE−80]GOTO1;	条件成立,跳转到 N1
G00 X100. Z100. ;	快速返回
M05;	停主轴
M30;	程序结束并复位

3.1.3　系列零件加工简化编程

所谓系列零件加工，是指不同规格的零件，形状基本相同，加工过程也相同，只是尺寸数据不一样，利用宏程序就可以编写出一个通用的加工程序来。

1. 系列径向宽槽切削简化编程

（1）编程思路

对于系列零件，为了考虑不同尺寸零件程序的通用性，可以使用 G65 指令调用宏程序，在调用的同时进行参数传递（变量赋值）。这样对于不同尺寸的零件，只需要根据零件尺寸传递不同的参数即可解决该系列零件的编程。如图 3-5 所示，将槽底直径由参数 A 传递给变量 $\#1$，将切槽处的工件直径由参数 B 传递给变量 $\#2$，将刀宽由参数 C 传递给变量 $\#3$，将槽的总宽度由参数 D 传递给变量 $\#7$，将槽右边距编程原点的距离由参数 E 传递给变量 $\#8$。

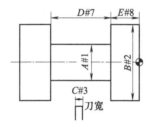

图 3-5　系列径向宽槽编程

由于槽的宽度较大，需要在 Z 方向多次切削，将切槽宽度设为变量 $\#10$，其初值为 $\#3$（刀宽），每次切槽完毕后沿 Z 向的偏移值为 $\#3-1$（两次切削之间的重叠量为 1mm），则切槽宽度的变化表达式为 $\#10＝\#10＋\#3-1$，给定判定条件，当 $\#10$ 小于槽的总宽度 $\#7$ 时，进行切槽循环，当 $\#10$ 大于等于槽的总宽度 $\#7$ 时，切槽循环结束。切槽循环的程序执行流程如图 3-6 所示。

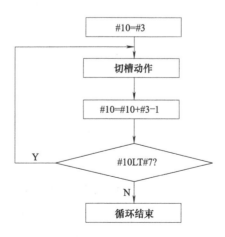

图 3-6　切槽循环程序执行流程

（2）变量设置

具体的变量设置见表 3-3。

表 3-3 变量设置

变量	表示内容	表达式	取值范围
♯1	槽底直径	常量	A
♯2	切槽处的工件直径	常量	B
♯3	刀宽	常量	C
♯7	槽的总宽度	常量	D
♯8	槽右边距编程原点的距离	常量	E
♯10	已切槽宽度	♯10＝♯10＋♯3－1	$C \sim D$

（3）具体应用

【例 3-3】 对如图 3-7 所示径向宽槽，根据上述思路进行编程。

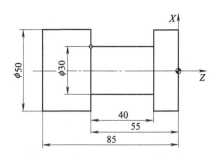

图 3-7 系列径向宽槽编程实例

切槽刀的宽度为 3mm，刀号为 T01。使用循环功能，将循环编入子程序，由于要进行参数传递，所以使用宏程序简单调用指令 G65 调用子程序。编程原点在工件右端面中心，程序编写如下。

```
O1000;                          主程序
T0101;
M03 S600;
G65 P1001 A30 B50 C3 D40 E15;   将 ABCDE 对应数值传递给相应变量
G00 X100. ;
Z100. ;
M05;
M30;                            主程序结束并复位
O1001;                          子程序
G00 Z[－♯8];                    切刀 Z 向定位
```

X[♯2＋5];	接近工件,留 5mm 安全距离
♯10＝♯3;	♯10 为已切宽度,其初值为♯3
WHILE[♯10 LT ♯7]DO1;	给定循环条件(判断是否够切一刀)
G00 Z[－♯8－♯10];	Z 向定位
G01 X[♯1];	切到要求深度
G00 X[♯2＋5];	X 向退刀到工件外
♯10＝♯10＋♯3－1;	♯10 不断变化
END1;	循环结束
G00 Z[－♯7－♯8];	Z 向定位到最后一次切削位置
G01 X[♯1];	切最后一刀
G00 X[♯2＋5];	快速退刀至工件外
M99;	子程序结束

2. 系列端面宽槽切削简化编程

【例 3-4】　对如图 3-8 所示端面宽槽,用宏程序进行编程。

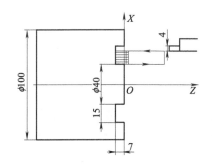

图 3-8　系列端面宽槽切削编程实例

(1) 编程思路

对于该系列零件,仍然使用 G65 指令调用宏程序,在调用的同时进行参数传递 (变量赋值)。具体来说,将槽底深度由参数 A 传递给变量♯1 (♯1＝7),将槽的总宽度由参数 B 传递给变量♯2 (♯2＝15),将槽右边处的直径由参数 C 传递给变量♯3 (♯3＝40),将刀宽由参数 D 传递给变量♯7 (♯7＝4)。

由于槽的宽度较大,需要在 X 方向多次切削,将切槽宽度设为变量♯10,其初值为♯7 (刀宽),每次切槽完毕后沿 X 向的偏移值为♯7－1 (两次切削之间的重叠量为 1mm),则切槽宽度的变化表达式为♯10＝♯10＋♯7－1。给定判定条件,当♯10 小于槽的总宽度♯2 时,进行切槽循环,当♯10 大于等于槽的总宽度♯2 时,切槽循环结束。切槽循环的程序执行流程如图 3-9 所示。

(2) 变量设置

具体的变量设置见表 3-4。

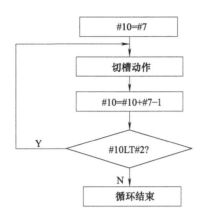

图 3-9　切槽循环程序执行流程

表 3-4　变量设置

变量	表示内容	表达式	取值范围
♯1	槽底深度	常量	7
♯2	槽的总宽度	常量	15
♯3	槽右边处的直径	常量	40
♯7	刀宽	常量	4
♯10	待切槽宽度	♯10＝♯10＋♯7－1	4～15

（3）程序编写

对如图 3-8 所示端面宽槽，根据上述思路进行编程，切槽刀的宽度为 3mm，刀号为 T01。使用循环功能，将循环编入子程序，由于要进行参数传递，所以使用宏程序简单调用指令 G65 调用子程序。编程原点在工件右端面中心，程序编写如下。

```
O1000;                          主程序
G40 G98;                        初始化
T0101;
M03 S300;
G65 P1001 A7 B15 C40 D3;        将 ABCD 对应数值传递给相应变量
G00 X100. ;
Z100. ;
M05;
M30;                            主程序结束并复位
O1001;                          子程序
G00 X[－♯3];                    切刀 x 向定位
Z5. ;                           z 向接近工件,留 5mm 安全距离
♯10＝♯7;                        待切槽宽度,其初值为♯7
WHILE[♯10LT♯2]DO1;              是否够切一刀
G00 X[－♯3－2＊♯10];             x 向定位
```

G01 Z［－♯1］F30；	切到要求深度
G00 Z5.；	Z向退刀到工件外
♯10＝♯10＋♯7－1；	♯10不断变化
END1；	循环结束
G00 X［－♯3－2＊♯2］；	X向定位到最后一次切削位置
G01 Z［－♯1］；	切最后一刀
G00 Z5.；	快速退刀至工件外
M99；	子程序结束

3. 系列端面深孔切削简化编程

【例 3-5】　对如图 3-10 所示端面深孔，用宏程序进行编程。

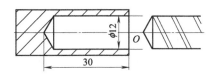

图 3-10　G65 钻孔编程实例

（1）编程思路

对于该系列零件，仍然使用 G65 指令调用宏程序，在调用的同时进行参数传递（变量赋值）。具体来说，将钻孔深度由参数 A 传递给变量♯1（♯1＝30），将钻孔起点距离工件右端面的安全距离由参数 B 传递给变量♯2（♯2设为3），由于钻孔是从安全距离开始的，所以总的钻孔深度（距离）为♯1＋♯2，将每次钻孔深度（增量值）由参数 C 传递给变量♯3（♯3设为8），将每次钻固定深度后的退刀量由参数 D 传递给变量♯4（♯4设为2）。

由于孔的深度较大，需要在 Z 方向多次切削，将已钻孔深度设为变量♯10，其初值为♯3，每次钻孔的实际增量值为♯3－♯4，则已钻孔深度的变化表达式为♯10＝♯10＋♯3－♯4，给定判定条件，当♯10小于总的钻孔深度♯1＋♯2时，进行钻孔循环，当♯10大于等于总的钻孔深度♯1＋♯2时，钻孔循环结束。钻孔循环的程序执行流程如图 3-11 所示。

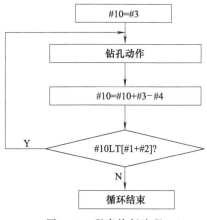

图 3-11　程序执行流程

（2）变量设置

具体的变量设置见表 3-5。

表 3-5 变量设置

变量	表示内容	表达式	取值范围
#1	钻孔总深度	常量	30
#2	钻孔起点距离工件右端面的安全距离	常量	3
#3	每次钻孔固定深度	常量	8
#4	每次钻固定深度后的退刀量	常量	2
#10	待钻孔深度	#10＝#10＋#2－1	8～33

（3）程序编写

对如图 3-10 所示端面深孔，根据上述思路进行编程，钻头的直径为 12mm，刀号为 T01。使用循环功能，将循环编入子程序，由于要进行参数传递，所以使用宏程序简单调用指令 G65 调用子程序。编程原点在工件右端面中心，程序编写如下。

```
O1000;                      主程序
T0101;
M03 S300;
G65 P1001 A30 B3 C8 D2;     将 ABCD 对应数值传递给相应变量
G00 X100.;
Z100.;
M05;
M30;                        主程序结束并复位
O1001;                      子程序
G00 X0;                     钻头 X 向定位
Z3.;                        Z 向接近工件,留 5mm 安全距离
#10＝#3;                    待钻孔深度,其初值为#3
WHILE[#10LT[#1+#2]]DO1;     是否够切一刀
G90 G01 Z[-#10];            绝对坐标编程,切到要求深度
G91 G00 Z#4;                增量坐标编程,Z 向退刀
#10＝#10＋#3-#4;            #10 不断变化
END1;                       循环结束
G90 G01 Z[-#1];             绝对坐标编程,钻最后一刀
G00 Z5.;                    快速退刀至工件外
M99;                        子程序结束
```

4. 系列零件的精加工简化编程

【例 3-6】 对如图 3-12 所示的系列零件，编写其轮廓精加工及切断的程序。

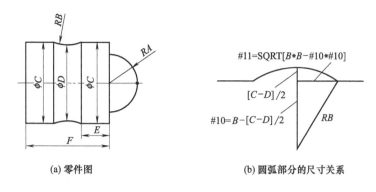

(a) 零件图　　　　　　　(b) 圆弧部分的尺寸关系

图 3-12　系列零件精加工简化编程实例

(1) 编程思路

对于该系列零件的精加工，仍然使用 G65 指令调用宏程序，针对不同零件的尺寸差异，只需在调用的时候传递不同的参数即可。

(2) 传递参数设置

以两个系列零件为例，具体的传递参数设置见表 3-6。

表 3-6　变量设置（1）

尺寸名称		A	B	C	D	E	F
对应变量		#1	#2	#3	#7	#8	#9
工件序号	1	8	10	24	25	5	40
	2	10	15	28	24	7	50

(3) 程序编写

由于是两个系列零件，可以编写两个主程序，调取同一个子程序，但是分别传递不同的参数。圆弧部分的变量设置见表 3-7。

表 3-7　变量设置（2）

变量	表示内容	表达式	取值范围
#10	见图 3-12	#10＝#2－［#3－#7］/2	常量
#11	见图 3-12	#11＝SQRT［#2＊#2－#10＊#10］	常量

所用刀具为轮廓精加工刀 T01、刀宽为 3mm 切断刀 T02。切断刀的刀位点为左刀尖，编程原点在工件右端面中心，程序编写如下。

工件 1 主程序：

O1000;　　　　　　　　　　　　　程序名

G98;　　　　　　　　　　　　　　初始化,指定分进给速度

T0101;　　　　　　　　　　　　　换 1 号刀,建立工件坐标系

M03 S600;　　　　　　　　　　　主轴正转,转速 600r/min

M98 P1001 A8 B10 C24 D20 E5 F40;　调用宏程序 O1001 进行轮廓加工,同时传递相关参数

T0202;	换 2 号刀,建立工件坐标系
M98 P1002 C24 F40;	调用宏程序 O1002 行切断加工,同时传递相关参数
M05;	主轴停止
M30;	程序结束并复位

工件 2 主程序:

O2000;	程序名
G98;	初始化,指定分进给速度
T0101;	换 1 号刀,建立工件坐标系
M03 S600;	主轴正转,转速 600r/min
M98 P1001 A10 B15 C28 D24 E7 F50;	调用宏程序 O1001 进行轮廓加工,同时传递相关参数
T0202;	换 2 号刀,建立工件坐标系
M98 P1002 C28 F50;	调用宏程序 O1002 行切断加工,同时传递相关参数
M05;	主轴停止
M30;	程序结束并复位

轮廓加工子程序:

O1001;	子程序名
G00 X0 Z3.;	快速定位到工件中心
G01 Z0 F100;	直线进给到圆弧起点
G03 X[2 * #1] Z[-#1] R[#1];	逆时针圆弧插补,用变量进行编程
G01 X[#3];	直线插补,用变量进行编程
W[-#8];	直线插补,用变量进行编程
#10=#2-[#3-#7]/2;	计算图 3-12(b)中的#10
#11=SQRT[#2 * #2-#10 * #10];	计算图 3-12(b)中的#11
G02 X[#3] W[-2 * #11] R[#2];	顺时针圆弧插补,用变量进行编程
G01 Z-[#9+#1];	直线插补,用变量进行编程
U2;	X 向退刀
G00 X[#3+50] Z100.;	快速返回
M99;	子程序结束

切断子程序:

O1002;	子程序名
G00 X[#3+2] Z-[#9+#1];	快速定位到切断位置
G01 X0 F30;	切断
G00 X[#3+50];	X 向快速返回

| Z100.; | Z 向快速返回 |
| M99; | 子程序结束 |

3.2　数控车削路径优化及编程

目前的数控车床都有丰富的子程序调用、复合车削循环、宏指令编程等功能。如果编程时能合理利用和配置这些功能，对切削路径进行优化，不仅能减轻编程人员的工作量，使得程序简洁高效，从而发挥数控机床的优越性，还能提高零件的加工质量。以数控车床综合加工件为例，在分析其加工特点的基础上，给出了轮廓预车削、凹圆弧轮廓、凹槽、椭圆轮廓的加工路径优化和切削参数设置的具体方法。以 FANUC 0i 系统为例，给出了优化后的程序。将程序在仿真软件上运行，验证了程序的正确性。仿真运行结果表明切削路径优化合理，程序简化，运行时间大大减少，而零件的加工精度和表面质量得到保证。

在数控车削时，为了获得符合图纸要求的工件表面，在安排工序时，要尽可能采用粗切削和精加工相结合的方法，选择合适的切削参数并对切削路径进行优化。合理安排粗加工和精加工路线，既可以快速高效去掉毛坯余量，又可以保证零件的加工精度和表面质量。

下面对图 3-13 所示典型的轴类零件，对其进行切削参数设置和切削路径的优化。并以 FANUC 0i 系统为例给出优化后的程序。

3.2.1　轮廓分析及切削路径优化

1. 轮廓预加工

由于轮廓有尺寸精度要求和表面粗糙度要求，所以在粗车复合循环结束进行精加工时，要考虑刀尖圆弧半径补偿。确定毛坯尺寸为 $\phi36\text{mm}\times150\text{mm}$，对于凹圆弧和凹槽分别留下余量，选用合适的刀具进行加工并进行切削路径优化。对于椭圆轮廓，不能直接编入 G71 粗车复合循环，先加工成如图 3-13 所示圆柱面，再对其粗加工路径进行优化，并用仿形循环指令完成粗精加工。

（1）刀尖圆弧半径补偿作用

数控程序是针对刀具上的某一点即刀位点进行编制的，车刀的刀位点为理想尖锐状态下的假想刀尖点。但实际加工中的车刀，由于工艺或其他要求，刀尖往往不是一理想尖锐点，而是一段圆弧，如图 3-14 所示。切削工件的右端面时，车刀圆弧的切削点 C 与理想刀尖点 A 的 Z 坐标值相同，车外圆时车刀圆弧的切削点 B 与理想刀尖点 A 的 X 坐标值相同，切削出的工件没有形状误差和尺寸误差，因此可以不考虑刀尖圆弧半径补偿。如果车

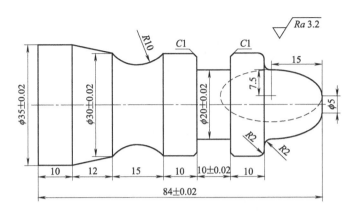

图 3-13　车削路径优化实例

削圆锥面和球面，则必存在加工误差，在锥面和球面处的实际切削轨迹和要求的轨迹之间存在误差，造成过切或少切。如图 3-15 所示为车削锥面时假想刀尖的理论轮廓与实际轮廓的偏差情况。

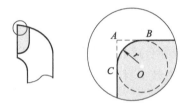

图 3-14　车刀的假想刀尖与实际情况

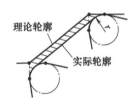

图 3-15　车削锥面时的偏差

（2）刀尖圆弧半径补偿编程指令

指令格式：G41/G42 G00/G01 X ＿ Z ＿；

　　　　　…

　　　　　G40 G00/G01 X ＿ Z ＿；

G41 指定刀尖半径左补偿；G42 指定刀尖半径右补偿；G40 取消刀尖半径补偿。刀尖圆弧半径补偿偏置方向的判别方法是：由 Y 轴的正向往负向看，如果刀具的前进路线在工件的左侧，则称为刀尖圆弧半径左补偿；否则，如果刀具的前进路线在工件的右侧，则称为刀尖圆弧半径右补偿。具体判断方法如图 3-16 所示。

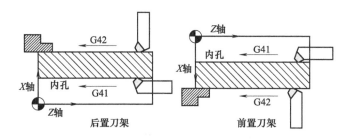

图 3-16 左刀补和右刀补的判断

（3）应用刀尖圆弧半径补偿优化编程

在粗切循环结束，精加工开始之前，设置刀尖圆弧半径补偿。这样刀补在粗切循环时不起作用，只在精加工时有效，从而提高圆弧和锥面的加工精度。引入刀尖圆弧半径补偿的具体程序如下。

```
…
G00 X_ Z_ ;                    快速定位到循环起点
G71 U_ R_ ;                    G71复合循环粗车外圆,指定背吃刀量和退刀量
G71 P10 Q20 U_ W_ F_ ;         G71复合循环粗车外圆,指定其他切削参数
G00 X100.Z100. ;               快速返回到换刀点
F50 S1000;                     设定精加工参数
G42 G01 X_ Z_ ;                建立刀尖圆弧半径右补偿,只在精加工时有效
N10 … ;                        轮廓精加工程序开始
…
N20 …;                         轮廓精加工程序结束
G40 G00 X100.Z100.;            快速返回到换刀点,取消刀尖圆弧半径补偿
…
```

对于图 3-13 所示零件的轮廓加工，选用刀具为 93°硬质合金刀，刀尖圆弧半径为 0.2mm，粗精加工的切削参数设置如表 3-8 所示。通过轮廓优化编程，初步将零件加工成如图 3-17 所示形状，其中虚线部分为最终要加工的零件轮廓。

表 3-8 轮廓加工刀具选择及粗精加工参数

所用刀具	刀具号	刀尖半径/mm	加工内容	背吃刀量/mm	退刀量/mm	进给量/(mm/r)	主轴转速/(r/min)	X 向精加工余量/mm	Z 向精加工余量/mm
	T01	0.2	粗加工	1.5	1	0.2	600	0.3	0.1
			精加工	0	0	0.1	1000	0	0

2. 凹圆弧切削路径优化

对于曲率半径较小的凹圆弧，如果使用负偏角较小（刀尖角较大）的车刀按照图 3-18（a）所示直线行切法加工，则会发生刀具干涉，从而无法完成凹圆弧面的加工，

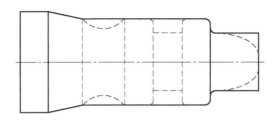

图 3-17 初步加工后的零件轮廓

甚至会损坏刀具和破坏工件。对于这样的凹圆弧，只要设置合适的参数，可以采用负偏角较大的外圆精车刀，并按照如图 3-18（b）所示的粗切路径进行粗精加工。这样可以避免刀具干涉，同时能保证圆弧面的加工精度。刀具选择及粗精加工的具体参数如表 3-9 所示。

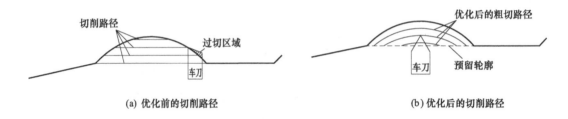

(a) 优化前的切削路径   (b) 优化后的切削路径

图 3-18 凹圆弧的干涉及切削路径优化

表 3-9 凹圆弧加工刀具选择及粗精加工参数

所用刀具	刀具号	刀尖半径 /mm	加工内容	X 向粗车总余量/mm	Z 向粗车总余量/mm	进给量 /(mm/r)	主轴转速 /(r/min)	X 向精加工余量/mm	Z 向精加工余量/mm
	T02	0.2	粗加工	3.4	0	0.15	500	0.3	0.1
			精加工	0	0	0.1	1000	0	0

3. 凹槽切削路径优化

对于深度和宽度均较大的凹槽，需要多次切削才能去除余量，如果采用常规编程，会使得编程工作非常烦琐。此时可以将一次去余量的动作编为子程序，然后根据需要的粗切次数，由主程序不断调取子程序，从而自动去除粗加工余量，槽的侧面和底部均留下精加工余量。由于精加工的被吃刀量较小，所以切削力较小，可以用切槽刀精加工槽的侧面和底部，同时完成倒角加工。

切槽的粗精加工路线如图 3-19 所示，四处直径 $\phi 1 \sim \phi 4$ 的值分别为 20mm、28mm、30mm、32mm。子程序只控制切槽刀左刀尖从 A 点切到 B 点，然后快速退回到 A 点，并向右移动一个偏移值 2mm（要保证和前一次切削之间有重叠量 1mm）。主程序多次调用子程序即可去除所有粗加工余量。最后一次粗切后切槽刀右刀尖在 D 点，然后快速退回到 C 点，完成粗加工。

紧接着进行精加工，控制左刀尖到 E 点（倒角延长线处），按照 $E \to F \to G \to H$ 的路线进给，完成左边倒角及槽左侧面及底部的精加工，然后快速退刀，此时右刀尖仍在 C 点。再控制右刀尖到 I 点，按照 $I \rightarrow J \rightarrow K$ 的路线进给，完成右边倒角及槽右侧面的精加工。最后右刀尖向左偏移到 L 点，然后快速退刀到 C 点。

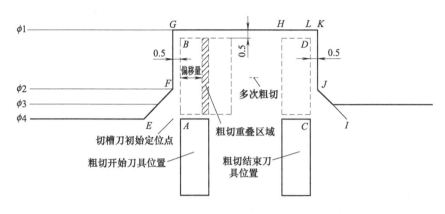

图 3-19　切槽加工路线

刀具选择及粗精加工的具体参数如表 3-10 所示。

表 3-10　切槽加工刀具选择及粗精加工参数

所用刀具	刀具号	切削刃宽度/mm	加工内容	偏移量/mm	重叠量/mm	进给量/(mm/r)	主轴转速/(r/min)	侧面余量/mm	底部余量(单边)/mm
	T03	3	粗加工	2	1	0.05	300	0.5	0.5
			精加工	0	0	0.02	1000	0	0

4. 椭圆优化

对于椭圆轮廓，如果按照如图 3-20（a）所示的平行于 Z 轴方向粗切（即使用纵向粗切循环 G71）去余量，则粗加工次数太多，刀具由外往里切削的过程中，切削效率越来越低。椭圆轮廓必须使用宏指令编程，而 FANUC 0i 系统的宏指令不能编入 G71 粗车复合循环中，所以必须采用如图 3-20（b）所示的仿形切削路径，这样在提高切削效率的同时，由于仿形循环各处的精加工余量基本一致，精加工时刀具的切削力基本保持不变，可以保证椭圆的加工精度。刀具选择及粗精加工的具体参数如表 3-11 所示。

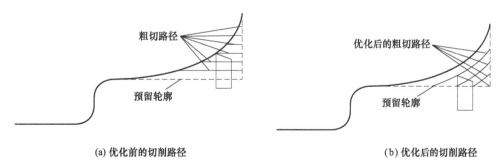

(a) 优化前的切削路径　　　　　　　　　　　(b) 优化后的切削路径

图 3-20　椭圆轮廓的切削路径优化

表 3-11　椭圆加工刀具选择及粗精加工参数

所用刀具	刀具号	刀尖半径/mm	加工内容	背吃刀量/mm	退刀量/mm	进给量/(mm/r)	主轴转速/(r/min)	X 向精加工余量/mm	Z 向精加工余量/mm
	T01	0.2	粗加工	1.5	1	0.2	600	0.3	0.1
			精加工	0	0	0.1	1000	0	0

3.2.2　切削路径优化后的程序编写

从以上轮廓的优化处理可以看出各部分轮廓相对独立,各部分可以编写相对独立的程序,便于程序的检查和仿真校验。

1. 外轮廓加工程序

把毛坯初步加工成零件轮廓的粗加工使用 G71 粗车复合循环,精加工使用 G70 循环。编程时要注意粗加工结束而精加工开始前刀尖圆弧半径补偿的引入。编程原点在工件右端面中心,具体程序如下。

```
O1000;
T0101;                          换外轮廓车刀
M03 S600;
G00 X38.Z2.;                    快速定位到粗车循环起点
G71 U1.5 R1.;                   设定每次粗车的背吃刀量和退刀量
G71 P10 Q20 U0.3 W0.1 F0.2;     设定粗车循环的其他参数
G00 X100.Z100.;                 快速退刀到换刀点
F0.1 S1000;                     设定精加工参数
G42 G00 X38.Z2.;                引入刀尖圆弧半径右补偿
N10 G00 X20.;                   精加工开始
G01 Z-15.;
G02 X24.W-2.R2.;
G01 X26.;
G03 X30.W-2.R2.;
G01 Z-62.;
X35 W-12.;
N20 Z-84.;                      精加工结束
G70 P10 Q20;                    精车循环
G00 X100.Z100.;                 快速返回
M05;
M30;                            程序结束并复位
```

2. 凹圆弧加工程序

在轮廓初步加工时，已为凹圆弧预留了加工余量。如图 3-21 所示，根据前面的优化路径分析，这里采用等距法加工，每次的切削轨迹为等距圆弧。

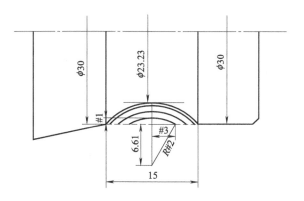

图 3-21　凹圆弧的切削路径优化

将 X 方向的偏移步距（单变量）定义为自变量♯1，等距圆弧的半径定义为变量♯2，圆弧起点相对于圆心在 Z 方向的坐标增量定义为变量♯3。X 方向总的切削余量为 3.39mm（单边量），从预留直径处开始，X 方向每次偏移一个距离（♯1），重新计算圆弧的半径（♯2）和 Z 方向的坐标增量（♯3），然后进行一次圆弧插补，通过使用宏程序条件转移功能不断按等距圆弧轨迹进行切削即可实现多刀粗加工。当剩下的余量不够♯1时，直接按零件轮廓进行圆弧插补，完成精加工，最后的精加工需要引入刀尖圆弧半径补偿。粗车循环的判定条件为：当♯1 小于等于 3 时，进行粗车循环，当♯1 大于 3 时，循环结束。粗车循环的程序执行流程如图 3-22 所示。

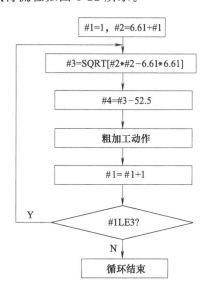

图 3-22　粗车循环程序执行流程

具体的变量设置见表 3-12。程序编写如下。

表 3-12   变量设置

变量	表示内容	表达式	取值范围
♯1	X 方向偏移距离	自变量	1～3
♯2	等距圆的圆弧半径	♯2＝6.61＋♯1	7.61～10
♯3	Z 方向坐标增量	♯3＝SQRT[♯2＊♯2－6.61＊6.61]	3.99～7.5
♯4	工件坐标系中 Z 坐标	♯4＝♯3－52.5	3.99～7.5

```
O1000;
G98;                            指定分进给速度
T0202;                          换外轮廓精车刀(负偏角较大)
M03 S600 F100;                  粗加工切削参数
♯1＝1;                          X 方向偏移距离
N1 G00 X25.23 Z[♯4];            快速定位到切削起点
G01 X23.23;                     直线进给到圆弧起点
G02 W[－2＊♯3] R[♯2];           顺圆弧插补
G01 X25.23;                     X 方向退离工件
♯2＝6.61＋♯1;                   等距圆的圆弧半径
♯3＝SQRT[♯2＊♯2－6.61＊6.61];   Z 方向坐标增量
♯4＝♯3－52.5;                   工件坐标系中 Z 坐标
♯1＝♯1＋1;                      X 方向偏移距离不断变化
IF[♯1LE3]GOTO1;                 条件成立,跳转到 N1 执行
G00 Z－47.;
M03 S1000 F50;                  精加工切削参数
G01 X23.23;                     精加工开始
G02 W－15. R10.;
G01 X25.23;                     精加工结束
G00 X100. Z100.;                快速返回
M05;
M30;                            程序结束并复位
```

3. 切槽加工程序

切槽编程时需要注意刀位点为左刀尖,但在加工右边倒角和槽右侧面时实际切削刃为右刀尖,此时需要注意编程控制的刀位点仍为左刀尖。槽的粗加工要使用宏程序条件转移语句调用子程序。

将子程序调用次数定义为自变量♯1,总的粗切次数定义为变量♯2,♯1 每变化一次,调取子程序进行一次切槽加工,通过使用宏程序条件转移功能不断调用子程序即可实现多刀切槽的粗车循环,最后完成精加工。粗车循环的判定条件为:当♯1 小于等于♯2

时，进行粗车循环，当♯1大于♯2时，循环结束。粗车循环的程序执行流程如图3-23所示。

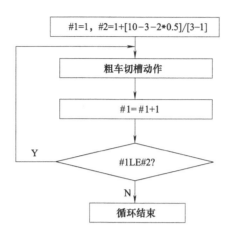

图 3-23 切槽粗车循环程序执行流程

具体的变量设置见表 3-13。具体程序如下。

表 3-13 变量设置

变量	表示内容	表达式	取值范围
♯1	循环次数	自变量	1~4
♯2	总粗切次数	♯2＝1＋[10－3－2＊0.5]/[3－1]	常量

```
O1000;                         主程序
T0303;                         换切槽刀(刀宽为 3mm)
M03 S300;
G00 X32.Z－37.;                 快速定位到初始点
W0.5;                          向右增量移动 0.5mm,预留精加工余量
#1=1;                          循环次数
#2=1+[10-3-2*0.5]/[3-1];        总粗切次数
N1 M98 P1001;                  重复调用子程序 4 次去余量
#1=#1+1;                       循环次数不断变化
IF[#1LE#2]GOTO1;               条件成立,跳转到 N1
W-10.5;                        左刀尖定位到 E 点
G01 X28.W2.F0.02;              加工左边倒角
X20.;                          精加工槽左侧面
W6.5;                          精加工槽底部
G00 X32.;                      快速退刀
W2.5;                          右刀尖定位到 I 点
```

```
G01 X28.W—2.;          加工右边倒角
X20.;                  精加工槽右侧面
G00 X32.;
X100.Z100.;
M05;
M30;                   主程序结束并复位
O1001;                 子程序
G01 X21.F0.05;         切槽
G00 X32.;              快速退刀
W2.;                   向右（Z 轴正向）偏移 2mm
M99;                   子程序结束
```

4. 椭圆加工程序

椭圆轮廓要用直线拟合，用宏指令的循环控制语句来实现动点坐标的自动计算。动点坐标的表达用椭圆的参数方程建立数学模型。使用仿形复合循环 G73 完成粗加工，然后用 G70 循环完成精加工。

椭圆的参数方程为：$Z = 15\cos\theta$，$X = 7.5\sin\theta$，将椭圆的参数角度定义为自变量♯1，椭圆坐标系中的 Z 坐标定义为变量♯2，椭圆坐标系中的 X 坐标定义为变量♯3，♯2、♯3 与♯1 之间的关系可表达为：♯2＝15＊COS[♯1]，♯3＝7.5＊SIN[♯1]，自变量♯1 不断变化（加 0.5），♯2（动点 Z 坐标）、♯3（动点 X 坐标）也随之变化。椭圆拟合的循环判定条件为：当♯1 小于等于 90 时，进行直线拟合循环，当♯1 大于 90 时，循环结束。椭圆拟合循环的程序执行流程如图 3-24 所示。

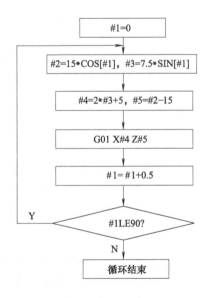

图 3-24　椭圆拟合循环程序执行流程

具体的变量设置见表 3-14。程序编写如下。

表 3-14 变量设置

变量	表示内容	表达式	取值范围
#1	角度	自变量	0～90°
#2	椭圆坐标系中的 Z 坐标	#2＝15 * COS[#1]	0～15
#3	椭圆坐标系中的 X 坐标	#3＝7.5 * SIN[#1]	0～7.5
#4	工件坐标系中的 X 坐标	#4＝2 * #3＋5	5～20
#5	工件坐标系中的 Z 坐标	#5＝#2－15	－15～0

```
O1000;
T0101;
M03 S600;
G00 X22. Z2. ;                    快速定位到粗车循环起点
G73 U7.5 W0 R5. ;                 设定每次粗车的背吃刀量和退刀量
G73 P10 Q20 U0.3 W0.1 F0.2;       设定粗车循环的其他参数
N10 G00 X5. ;                     精加工开始
G01 Z0 F0.1 S1000;
#1＝0;                            定义角度变量
WHILE[#1LE90]DO1;                 给定循环条件
G01 X[#4] Z[#5];                  在编程坐标系中直线拟合椭圆
#2＝15 * COS[#1];                 动点在椭圆坐标系中的 Z 坐标
#3＝7.5 * SIN[#1];                动点在椭圆坐标系中的 X 坐标
#4＝2 * #3＋5;                    动点在工件坐标系中的 X 坐标
#5＝#2－15;                       动点在工件坐标系中的 Z 坐标
#1＝#1＋0.5;                      角度不断变化
END1;                             循环结束
N20G01 X20. Z－15. ;              精加工结束
X22. ;                            X 向退刀
G00 X100. Z100. ;                 快速返回
M05;
M30;                              程序结束并复位
```

3.2.3 程序仿真校验

在斯沃仿真软件上，进入 FANUC 0i 系统，设置毛坯直径和长度，选择工件材料为 2AL2，如图 3-25 所示。设置 T01 和 T02 的刀尖半径 R 为 0.2，刀尖方位号分别为 3 和 8，如图 3-26 所示。通过对刀建立工件坐标系，然后运行程序，轮廓的初步加工、凹圆弧加工、切槽、椭圆轮廓加工的仿真结果分别如图 3-27 所示。从仿真过程可以看出，由于进行了切削路径优化，使得程序简化，并且合理使用了粗车复合循环，大大减少了工件的粗加工时间，而精加工由于使用了刀尖圆弧半径补偿，提高了零件的加工精度和表面质量。

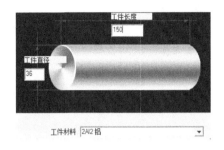

图 3-25　毛坯尺寸设置及材料选择

图 3-26　刀尖圆弧半径设置

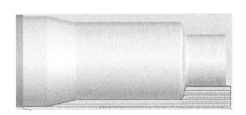

(a) 轮廓初步加工仿真运行结果

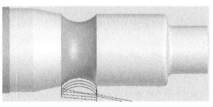

(b) 凹圆弧加工仿真运行结果

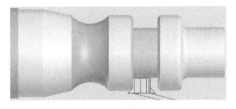

(c) 切槽加工仿真运行结果

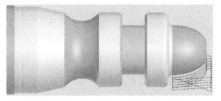

(d) 椭圆轮廓加工仿真运行结果

图 3-27　程序仿真运行结果

　　随着先进制造技术的不断发展，数控机床的档次和功能也不断提升。现在的数控车床有很丰富的宏程序功能，可以实现椭圆、抛物线、双曲线等非圆曲线轮廓的编程；有刀尖圆弧半径补偿功能，在车刀实际存在刀尖圆弧时，可以通过补偿消除刀尖圆弧带来的误差，从而提高零件的加工精度；有子程序功能，可以在需要多次重复某个动作而去除毛坯余量时通过调用子程序而简化编程；有多种粗车复合循环功能，可以自动去除毛坯的余量而减轻编程人员的工作量。

　　如果能够把上述功能合理综合利用，根据工件材料的加工特性，对切削路径优化和处理，就能在使用粗车复合循环功能进行粗切加工的同时避免刀具干涉。这样可以丰富编程的手段，优化和精简程序，充分发挥数控系统的功能，提高数控机床的工作效率，使得手工编程的功能甚至超过自动编程，达到事半功倍的效果。

第4章

宏程序在数控铣削编程中的应用

4.1 宏程序在二维非圆曲面铣削编程中的应用

4.1.1 宏程序在二维非圆曲面铣削编程中的应用思路

和数控车床非圆曲线轮廓编程一样，在进行二维非圆曲线轮廓铣削编程时，由于没有直接的非圆曲线插补指令，仍然需要把非圆曲线进行直线段的拟合处理，然后用宏程序给出拟合直线动点坐标的迭代关系，并给定转移或循环条件，让数控系统不断自动计算每个拟合直线段的动点坐标，并不断完成微小直线段的插补，最终用一系列微小直线段连起来的折线轮廓代替非圆曲线。

如图 4-1 所示，可以把椭圆分为 N 个等分，每个等分用直线段连接，每个直线段的终点坐标为动点 M。当等分的直线段数目足够多的时候，这些直线段的长度将会非常短，把这些微小直线段顺次连接，这些连接起来的直线段即可以认为是一个椭圆。根据加工精度要求，对椭圆进行等分，精度要求越高，等分的直线段数目也就越多。如图 4-2 所示，用宏程序对椭圆进行编程时，并不是把椭圆轮廓进行等分，而是根据椭圆参数方程，$X=a\cos\theta$，$Y=b\sin\theta$，将椭圆轮廓按角度进行等分，得到若干个动点 M，将这些动点顺次连接，得到若干微小直线段，再把若干微小直线段连接即可拟合出椭圆轮廓。

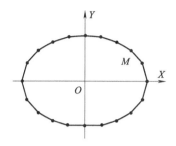

图 4-1　椭圆轮廓的直线拟合

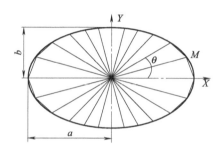

图 4-2　椭圆轮廓的角度等分

4.1.2　宏程序在二维非圆曲面铣削编程中的具体应用

1. 二维椭圆轮廓的精加工编程

【例 4-1】　应用宏程序完成如图 4-3 所示椭圆轮廓的精加工编程。

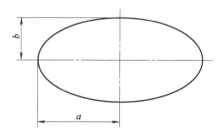

图 4-3　椭圆轮廓的编程

（1）编程思路

二维椭圆轮廓的精加工编程，只需要先在椭圆坐标系中确定拟合动点的 X、Z 坐标，然后再将其转换到编程坐标系中，不需要考虑粗加工去余量的问题。

椭圆的参数方程为：$X=a\cos\theta$ $Y=b\sin\theta$，将椭圆的参数角度定义为自变量♯1，椭圆坐标系中的 X 坐标定义为变量♯2，椭圆坐标系中的 Z 坐标定义为变量♯3，♯2、♯3 与♯1 之间的关系可表达为：♯2＝a＊COS[♯1]，♯3＝b＊SIN[♯1]，自变量♯1 不断变化（加 0.5），♯2（动点 Z 坐标）、♯3（动点 X 坐标）也随之变化。椭圆拟合的循环判定条件为：当♯1 小于等于 360 时，进行直线拟合循环，当♯1 大于 360 时，循环结束。椭圆拟合循环的程序执行流程如图 4-4 所示。

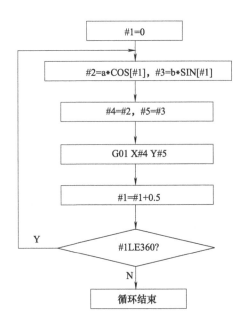

图 4-4   椭圆拟合循环程序执行流程

（2）变量设置

编程用到的具体变量的设置见表 4-1。

表 4-1   变量设置

变量	表示内容	表达式	取值范围
♯1	参数角度	自变量	$0\sim360°$
♯2	椭圆坐标系中的 X 坐标	♯2＝a＊COS[♯1]	$-a\sim a$
♯3	椭圆坐标系中的 Y 坐标	♯3＝b＊SIN[♯1]	$-b\sim b$
♯4	工件坐标系中的 X 坐标	♯4＝♯2	$-a\sim a$
♯5	工件坐标系中的 Y 坐标	♯5＝♯3	$-b\sim b$

（3）程序编写

```
O1000;
G90 G54;                 绝对坐标编程,调用 G54 坐标系
G00 X0 Y0 Z100.;         刀具快速定位到起始点
```

```
M03 S1000;                    主轴正转
G00 Xa Y0;                    快速定位到椭圆切削起点上方
G00 Z3.;                      快速接近工件
G01 Z-2.F100;                 下刀
#1=0;                         参数角度
N1#2=a*COS[#1];               椭圆坐标系中的X坐标
#3=b*SIN[#1];                 椭圆坐标系中的Y坐标
#4=#2;                        工件坐标系中的X坐标
#5=#3;                        工件坐标系中的Y坐标
G01 X#4 Y#5 F100;             直线拟合椭圆
#1=#1+0.5;                    参数角度不断变化
IF[#1LE360]GOTO1;             条件成立,跳转到N1
G00 Z100.;
M05;
M30;                          程序结束并复位
```

（4）具体应用

如图 4-5 所示，椭圆的长半轴为 40mm，短半轴为 30mm，铣削深度为 5mm。刀具为 ϕ10 的立铣刀，编程原点在工件上表面中心，这里使用循环语句进行编程，程序编写如下。

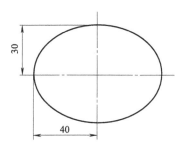

图 4-5　椭圆轮廓的应用实例

```
O1000;
G90 G54;                      绝对坐标编程,调用G54坐标系
G00 X0 Y0 Z100.;              刀具快速定位到起始点
M03 S800;                     主轴正转
G00 X45.Y-5.;                 快速定位到切削起点上方
Z3.;                          快速接近工件
G01 Z-5.F100;                 下刀
#1=0;                         角度变量,初值为0
```

```
WHILE[#10LE360]DO1;              给定循环条件
#2=40*COS[#10];                 椭圆坐标系中的X坐标
#3=30*SIN[#10];                 椭圆坐标系中的Y坐标
#4=#2;                          工件坐标系中的X坐标
#5=#3;                          工件坐标系中的Y坐标
G01 X#4 Y#5;                    直线拟合椭圆
#1=#1+0.5;                      参数角度不断变化
END1;                           循环结束
X45.Y5.;
G00 Z30.;
X0 Y0;
M05;
M30;                            程序结束并复位
```

2. 斜椭圆且椭中心不在原点的轨迹线精加工编程

【**例 4-2**】　应用宏程序完成如图 4-6 所示斜椭圆轮廓的精加工编程，椭圆中心不在编程原点，铣削深度为 3mm。

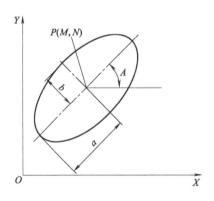

图 4-6　斜椭圆轮廓的精加工编程实例

（1）编程思路

由图 4-6 可知，椭圆中心不在坐标原点（工件原点）的参数方程为 $X=a*COS[\#1]+M$，$Y=b*SIN[\#1]+N$。将椭圆的参数角度定义为自变量 $\#1$，椭圆坐标系中的 X 坐标定义为变量 $\#2$，椭圆坐标系中的 Y 坐标定义为变量 $\#3$，则 $X=\#2=a*COS[\#1]$，$Y=\#3=b*SIN[\#1]$，自变量 $\#1$ 不断变化（加 0.5），$\#2$（动点 X 坐标）、$\#3$（动点 Y 坐标）也随之变化。椭圆拟合的转移判定条件为：当 $\#1$ 小于等于 360 时，进行直线拟合循环，当 $\#1$ 大于 360 时，循环结束。椭圆拟合循环的程序执行流程如图 4-7 所示。

因为此椭圆绕（M，N）旋转角度为 A，可运用坐标旋转指令 G68 编程。G68 指令的编程格式为：

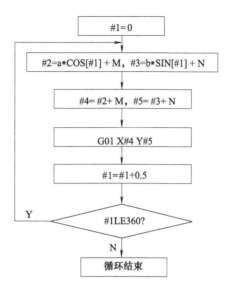

图 4-7　椭圆拟合循环程序执行流程

G68 X __ Y __ R __; X、Y:	旋转中心坐标;R:旋转角度
M98 P __;	调用子程序,P 为子程序号
G69;	取消旋转

（2）变量设置

编程用到的具体变量的设置见表 4-2。

表 4-2　变量设置

变量	表示内容	表达式	取值范围
#1	参数角度	自变量	$0 \sim 360°$
#2	椭圆坐标系中的 X 坐标	$\#2 = a * COS[\#1]$	$-a \sim a$
#3	椭圆坐标系中的 Y 坐标	$\#3 = b * SIN[\#1]$	$-b \sim b$
#4	工件坐标系中的 X 坐标	$\#4 = \#2 + M$	$-a+M \sim a+M$
#5	工件坐标系中的 Y 坐标	$\#5 = \#3 + N$	$-b+N \sim b+N$

（3）程序编写

具体的程序编写如下。

O1000;	
G90 G54;	绝对坐标编程,调用 G54 坐标系
G00 X0 Y0 Z100.;	刀具快速定位到起始点
M03 S1000;	
G00 Z3.;	
X[M+a+2] Y0;	快速定位到切削起点
G01 Z-3. F100;	下刀

```
G68 XM YN RA;          使用旋转功能,旋转中心为(M,N),旋转角度为 A 度
M98 P1001;             调用子程序
G69;                   取消旋转
G00 Z100. ;
M05;
M30;                   主程序结束并复位
O1001;                 子程序
#1=0;                  参数角度自变量
N1 #2=a*COS[#1];       椭圆坐标系中的 X 坐标
#3=b*SIN[#1];          椭圆坐标系中的 Y 坐标
#4=#2+M;               工件坐标系中的 X 坐标
#5=#3+N;               工件坐标系中的 Y 坐标
G01 X#4 Y#5 F100;      直线拟合椭圆
#1=#1+0.5;             参数角度不断变化
IF[#1LE360]GOTO1;      条件成立,跳转到 N1
M99;                   子程序结束
```

3. 椭圆凸台的加工

【**例 4-3**】 应用宏程序完成如图 4-8 所示椭圆凸台的加工编程,注意宏程序嵌套功能的使用。

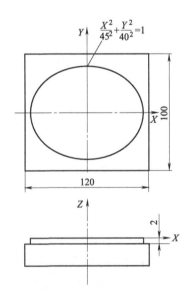

图 4-8 椭圆凸台的编程实例

(1) 编程思路

要在长方体毛坯上加工出椭圆凸台,就需要先进行去余量粗加工,再精加工椭圆轮

廓，采用等距加工方法，即每次粗加工的轨迹也为椭圆。具体方法为使椭圆的长半轴和短半轴每次同时减少一个行距，直到短半轴偏离零件轮廓的距离小于刀具的半径 R，则粗加工结束。由于粗加工是从最外面开始切削，所以必须确定第一个椭圆的长半轴和短半轴，这就需要大概计算（不需要很精确）工件单边的最大切削余量。通过分析零件图，最大加工余量基本是毛坯对角线上椭圆轮廓到毛坯顶点的距离，为 35.37mm。这样就可以从毛坯对角顶点处开始安排粗加工等距椭圆轮廓（最外面的椭圆轮廓不需要加工），为了保证最后一刀粗加工不造成过切，粗加工也要使用刀具半径补偿，也就是如图 4-9 所示的椭圆为每一刀粗加工后的加工轮廓，而不是刀具的中心轨迹。

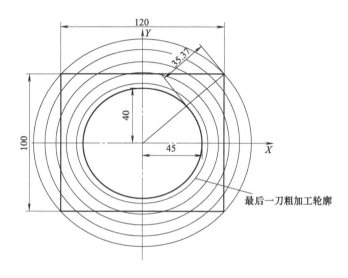

图 4-9　椭圆凸台的加工轨迹

这里使用宏程序循环语句的三重嵌套功能进行编程。

先分析第三级循环的编程。根据椭圆的参数方程，将椭圆的参数角度定义为自变量 $\sharp 5$，椭圆坐标系中的 X 坐标定义为变量 $\sharp 6$，椭圆坐标系中的 Y 坐标定义为变量 $\sharp 7$，则 $X = \sharp 6 = [45 + \sharp 2] * COS[\sharp 5]$，$Y = \sharp 7 = [40 + \sharp 2] * SIN[\sharp 5]$，自变量 $\sharp 1$ 不断变化（加 0.5），$\sharp 6$（动点 X 坐标）、$\sharp 7$（动点 Y 坐标）也随之变化。椭圆拟合的转移判定条件为：当 $\sharp 5$ 小于等于 360 时，进行直线拟合循环，当 $\sharp 5$ 大于 360 时，循环结束。由于椭圆坐标系和工件坐标系重合，所以椭圆坐标系中的动点坐标和工件坐标系中的动点坐标相等。

再分析第二级循环的编程。设每一刀粗加工轮廓偏移零件轮廓的距离为变量 $\sharp 2$，假设刀具半径为 5，两次粗加工之间的重叠量为 2，则粗加工的行距为 8，从而 $\sharp 2$ 的初值为 $35.37 - 8 = 27.37$。设粗加工椭圆轮廓的长半轴为变量 $\sharp 3$，短半轴为变量 $\sharp 4$，则 $\sharp 3 = 45 + \sharp 2$，$\sharp 4 = 40 + \sharp 2$。自变量 $\sharp 2$ 不断变化（减行距），$\sharp 3$（椭圆长半轴）、$\sharp 4$（椭圆段半轴）也随之变化，当 $\sharp 2$ 变化到 3.37 时，已经不足一个行距，所以粗加工至此结束。粗加工循环的判定条件为：当 $\sharp 2$ 大于等于 3.37 时，进行粗加工循环，当 $\sharp 2$ 小于 3.37 时，粗加工循环结束。然后设 $\sharp 2 = 0$，再循环一次，完成精加工。

接着分析第一级循环的编程，设♯1为粗、精加工控制变量，其初值设为2，当♯1＝2时，进行粗加工，当♯1＝1时，进行精加工，这样就可以灵活控制。

整个程序的执行流程如图4-10所示。

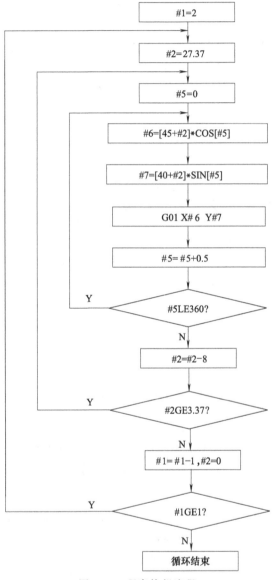

图4-10　程序执行流程

（2）变量设置

编程用到的具体变量的设置见表4-3。

表4-3　变量设置

变量	表示内容	表达式	取值范围
♯1	粗、精加工控制变量	自变量	1～2
♯2	粗、精加工轮廓偏移零件轮廓的距离	自变量	3.37～27.37

续表

变量	表示内容	表达式	取值范围
#3	椭圆长半轴	#3＝45＋#2	48.37～72.37
#4	椭圆短半轴	#4＝40＋#2	43.37～67.37
#5	参数角度	自变量	0～360°
#6	工件坐标系中的 X 坐标	#6＝[#3]＊COS[#5]	−45−#2～45＋#2
#7	工件坐标系中的 Y 坐标	#7＝[#4]＊SIN[#5]	−40−#2～40＋#2

（3）程序编写

编程原点在工件上表面中心，程序编写如下。

```
O1000;
G90 G54;                    绝对坐标编程,调用 G54 坐标系
G00 X0 Y0 Z100.;            刀具快速定位到起始点
M03 S800;
G00 Z3.;
X82.Y0.;
G01 Z−2.F100;
#1=2;                       粗、精加工控制变量
WHILE[#1GE1]DO1;            第一级循环判定条件
#2=27.37;                   椭圆偏移值
WHILE[#2GE3.37]DO2;         第二级循环判定条件
#3=45+#2;                   椭圆长半轴
#4=40+#2;                   椭圆短半轴
#5=0;                       参数角度自变量,初值为 0
WHILE[#5LE360]DO3;          第三级循环判定条件
#6=[#3]*COS[#5];            工件坐标系中的 X 坐标
#7=[#4]*SIN[#5];            工件坐标系中的 Y 坐标
G42 G01 X#6 Y#7 D01 F100;   直线拟合椭圆,建立刀具半径右补偿
#5=#5+0.5;                  参数角度不断变化
END3;                       第三级循环结束
#2=#2−8;                    椭圆偏移值不断变化
END2;                       第二级循环结束
#2=0;                       椭圆偏移值为 0
#1=#1−1;                    粗、精加工控制变量不断变化
END1;                       第一级循环结束
G01 Z10.;
G00 Z100.;
```

```
X0 Y0;
M05;
M30;                    程序结束并复位
```

4. 椭圆凹腔加工

【例 4-4】 应用宏程序完成如图 4-11 所示椭圆凹腔的加工编程。毛坯为 100mm×60mm×25mm，椭圆的长半轴为 40mm，短半轴为 25mm。

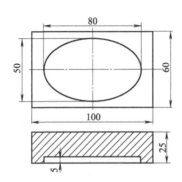

图 4-11 椭圆型腔程序编制实例（1）

（1）编程思路

要在长方体毛坯上加工出椭圆凹腔，也要先进行去余量粗加工，再精加工椭圆轮廓。和前面所述椭圆凸台加工一样，椭圆凹腔同样可以采用等距加工方法，即每次粗加工的轨迹也为椭圆。具体方法这里不再赘述。

该例的粗加工方法为通过宏程序循环调用加工椭圆轮廓的子程序，每次调用子程序时改变刀具半径补偿值，最终的执行效果也是等距加工。如图 4-12 所示，为了实现从毛坯中心向零件轮廓加工，最开始的刀补值最大，然后每次递减一个步距，直到去掉所有粗加工余量，最后再完成精加工。

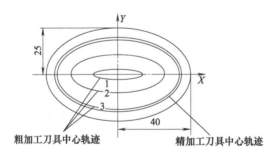

图 4-12 椭圆型腔程序编制实例（2）

先分析子程序的编程。根据椭圆的参数方程，将椭圆的参数角度定义为自变量 ♯2，椭圆坐标系中的 X 坐标定义为变量 ♯3，椭圆坐标系中的 Y 坐标定义为变量 ♯4，则 X＝♯3＝40 * COS [♯2]，Y＝♯4＝25 * SIN [♯2]，自变量 ♯2 不断变化（加

0.5)，#3（动点 X 坐标）、#4（动点 Y 坐标）也随之变化。椭圆拟合的转移判定条件为：当#2 小于等于 360 时，进行直线拟合循环，当#2 大于 360 时，循环结束。由于椭圆坐标系和工件坐标系重合，所以椭圆坐标系中的动点坐标和工件坐标系中的动点坐标相等。

再分析主程序的编程。根据椭圆的短半轴确定粗加工次数和每次的刀补值。短半轴方向总的加工余量为 25mm，假设刀具为 φ10 的键槽铣刀，精加工余量为 1mm，粗加工的步距为 8mm，则精加工的刀补值为 5，最后一刀粗加工的刀补值为 6，其余两刀的刀补值分别为 14、22。由于加工是从毛坯中心开始，所以具体刀补值的设置为：D1＝22、D2＝14、D3＝6、D4＝5，其中 D1～D3 为粗加工刀补号、D4 为精加工刀补号。

设刀补号为变量#1，其初值为 1，当#1 不断变化（加 1）时，刀补号也不断变化，通过宏程序循环不断调用子程序，即可实现零件的顺次粗加工和最后的精加工。循环的判定条件为：当#1 小于等于 4 时，进行加工循环，当#1 大于 4 时，加工循环结束。整个程序的执行流程如图 4-13 所示。

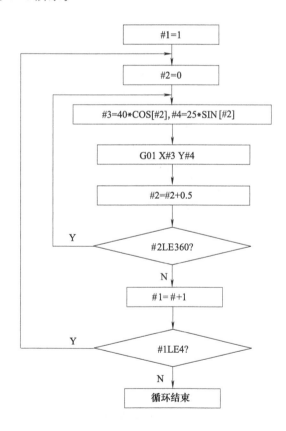

图 4-13　程序执行流程

（2）变量设置

编程用到的具体变量的设置见表 4-4。

表 4-4　变量设置

变量	表示内容	表达式	取值范围
#1	刀补号	自变量	1～4
#2	参数角度	自变量	0～360°
#3	工件坐标系中的 X 坐标	#3＝40＊COS[#2]	−40～40
#4	工件坐标系中的 Y 坐标	#4＝25＊SIN[#2]	−25～25

（3）程序编写

刀具为 φ10 的键槽铣刀，编程原点在工件上表面中心，程序编写如下。

O1000;	主程序
G90 G54;	绝对坐标编程,调用 G54 坐标系
X0 Y0 Z100.;	刀具快速定位到起始点
M03 S800;	主轴正转,转速 800r/min
G00 Z10.;	刀具快速接近工件
G01 Z−5.F60;	下刀
#1＝1;	刀补号
WHILE[#1LE4]DO1;	给定循环条件
M98 P1001 D[#1];	调用子程序
#1＝#1+1;	刀补号不断变化
END1;	循环结束
G00 Z100.;	快速抬刀
X0 Y0;	XY 面返回编程原点
M05;	主轴停转
M30;	主程序结束并复位
O1001;	子程序
G41 G01 X40.Y0;	建立刀具半径补偿
#2＝0;	定义椭圆离心角 θ 为自变量,初值为 0
WHILE[#2LE360]DO2;	设置循环条件
G01 X[#3] Y[#4] F100;	直线插补,拟合椭圆
#3＝40＊COS[#2];	刀具动点的 X 坐标
#4＝25＊SIN[#2];	刀具动点的 Y 坐标
#2＝#2+0.5;	自变量递增
END2;	循环结束
G40 G01 X0;	取消刀具半径补偿
M99;	子程序结束

4.2 宏程序在三维曲面铣削编程中的应用

4.2.1 宏程序在三维曲面编程中的应用思路

目前的数控铣削系统，在加工二维平面轮廓时，可以用直线或圆弧插补指令直接进行手工编程。在加工三维曲面轮廓时，则无法直接用常规方法进行编程，因为空间轮廓的坐标计算相当复杂，计算的工作量很大，通常很难实现。实际编程时利用宏程序的循环功能，将三维曲面分层切削，在高度方向每次下降一个高度，然后再在垂直于高度方向上沿圆弧或非圆曲线轮廓切削，最终用多层曲面来拟合三维曲面。该方法具体分析了球面编程时的几何模型和数学模型，给出了球面的宏程序编程实例，可以有效解决复杂曲面的手工编程问题。

目前的主流数控系统都具有高级语言（宏程序）编程功能，借助于该功能，用户可以在数控系统基本编程功能不能满足需要时进行编程功能的扩展，也可以对数控系统的控制功能进行二次开发。利用数控系统的宏功能就可以实现三维曲面的手工编程，而且宏功能使用得当的话，可以使得编程快捷简便。但是由于它毕竟是一种基本编程指令之外的高级语言，所以掌握和使用起来有一定的难度，所以受这种因素的影响，目前在国内各类职业技术学院、技师学院的相关数控专业教学和从事机械制造的企业在进行数控编程及加工时，都过分依赖 CAD/CAM 软件（主要指数控铣），这使得数控从业人员对宏程序的使用率不够高，也没能充分发挥数控系统所带宏程序功能的价值和优越性。

下面以球面为例阐述宏程序在三维曲面编程中的应用思路。

1. 球面加工的宏程序编程思路

如图 4-14 所示，在加工球面时，先采用分层切削的方法加工出球面所在的圆柱。然后利用宏程序实现球面的粗加工和精加工，具体思路是：每次 XY 面上的整圆轨迹加工完后，刀具在 Z 方向下降（或抬高，具体取决于是从上而下还是从下而上加工）0.1mm（具体数值取决于加工出来的三维曲面要达到的精度），确定新的刀具位置 P，通过变量计算出相应的 a 值，再次加工圆弧轮廓，如此循环，直到刀具下降到球面底部（或抬高到球面顶点处）时退出循环。变量运算时，以高度 h 为自变量，每次增加 0.1mm，a 值为因变量，可由数学模型确定的表达式来计算得出，从而可确定每层整圆的起点与终点坐标，完成分层切削。整个宏程序的执行过程如图 4-15 所示。

2. 球面加工的宏程序设计

（1）球面加工的数学建模

数控铣削加工的球面分为凸球面和凹球面，这里以凸球面为例进行分析。实际加工

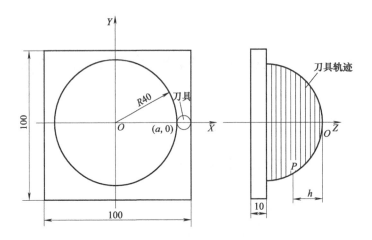

图 4-14　球面加工思路

图 4-15　宏程序执行过程

时，可以用平底刀先完成粗加工，再用球头刀完成精加工。

对于半径为 R 的凸半球，若平底刀和球头刀的刀具半径都为 r，则可对粗加工和精加工分别建模。

① 平刀粗加工。建立如图 4-16 所示几何模型，图中以平底刀的中心为刀位点，则其数学模型为：

$\#1 = \theta = 0$（高度方向角度变量，初始值为 0）

$\#2 = X = R * \mathrm{SIN}\#1 + r$（刀具中心 X 坐标）

♯3＝Z＝R－R＊COS♯1（刀尖下降高度）

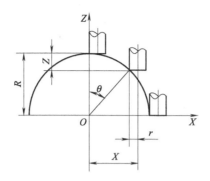

图 4-16 平刀粗加工几何分析

将角度定义为自变量♯1，球面坐标系中的 X 坐标定义为变量♯2，球面坐标系中的 Z 坐标定义为变量♯3。自变量♯1 每变化（加 1）一次，刀具下降一个高度，重新确定动点 X 坐标（♯2）和 Z 坐标（♯3），然后在该层进行一次圆弧插补。通过使用宏程序循环功能，可以控制刀具不断在 XZ 面下刀和 XY 面进行圆弧插补，最终在空间加工出台阶面。台阶面加工的循环判定条件为：当♯1 小于等于 90 时，进行台阶面加工循环，当♯2 大于 90 时，循环结束。台阶面加工循环的程序执行流程如图 4-17 所示。

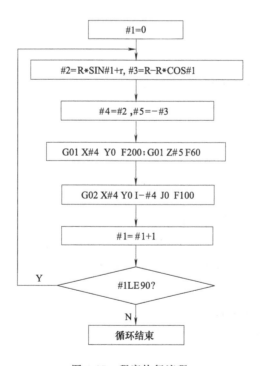

图 4-17 程序执行流程

当加工的球形的角度为非半球时，可以通过调整♯1，也就是 θ 角变化范围来改变程序。

编程用到的具体变量的设置见表 4-5。

表 4-5   变量设置

变量	表示内容	表达式	取值范围
#1	角度	自变量	$0\sim360°$
#2	几何坐标系中的 X 坐标	$\#2 = R * SIN\#1 + r$	$r\sim R+r$
#3	几何坐标系中的 Z 坐标	$\#3 = R - R * COS\#1$	$0\sim R$
#4	工件坐标系中的 X 坐标	$\#4 = \#2$	$r\sim R+r$
#5	工件坐标系中的 Z 坐标	$\#5 = -\#3$	$-R\sim0$

② 球刀精加工。建立如图 4-18 所示几何模型，图中以球头刀的刀尖为刀位点，则其数学模型为：

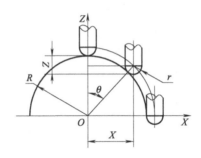

图 4-18   球刀精加工几何分析

$\#1 = \theta = 0$（高度方向角度变量，初始值为 0）

$\#2 = X = [R+r] * SIN\#1$（刀具中心 X 坐标）

$\#3 = Z = R - [R+r] * COS\#1 + r = [R+r] * [1 - COS\#1]$（刀尖下降高度）

将角度定义为自变量 #1，球面坐标系中的 X 坐标定义为变量 #2，球面坐标系中的 Z 坐标定义为变量 #3。自变量 #1 每变化（加 0.5）一次，刀具下降一个高度，重新确定动点 X 坐标（#2）和 Z 坐标（#3），然后在该层进行一次圆弧插补。通过使用宏程序循环功能，可以控制刀具不断在 XZ 面下刀和 XY 面进行圆弧插补，最终在空间拟合出球面。球面拟合的循环判定条件为：当 #1 小于等于 90 时，进行球面拟合循环，当 #2 大于 90 时，循环结束。球面拟合循环的程序执行流程如图 4-19 所示。

当加工的球面非凸半球或凹半球，而是球面的一部分时，可以通过改变 #1 即 θ 角来实现。凹半球的建模方法和凸半球相似，只是要注意模型坐标系和编程坐标系之间的对应关系。

编程用到的具体变量的设置见表 4-6。

表 4-6   变量设置

变量	表示内容	表达式	取值范围
#1	角度	自变量	$0\sim360°$
#2	几何坐标系中的 X 坐标	$\#2 = [R+r] * SIN\#1$	$0\sim R+r$

续表

变量	表示内容	表达式	取值范围
#3	几何坐标系中的 Z 坐标	$\#3=[R+r]*[1-COS\#1]$	$0\sim R+r$
#4	工件坐标系中的 X 坐标	$\#4=\#2$	$0\sim R+r$
#5	工件坐标系中的 Z 坐标	$\#5=-\#3$	$-(R+r)\sim0$

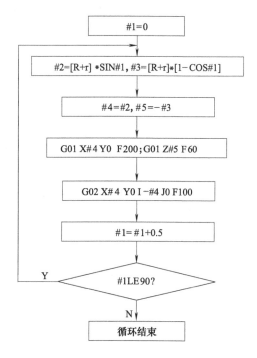

图 4-19　球面拟合循环程序执行流程

（2）球面加工的编程

宏程序编写的关键是建立数学模型，确定变量的数学表达式，在编写具体零件加工程序时，可以根据零件形状、机床、刀具等实际情况，将数学模型灵活运用。用平底刀先进行粗加工，然后用球头刀完成精加工。平底刀的刀号为 T01，半径为 5，球头刀的刀号为T02，半径为 4，加工时以 T01 为标刀进行对刀，T02 相对于 T01 需要进行长度补偿，补偿号为 H02。数学建模时以半球体的底面为 Z 向 O 平面，编程时为了加工对刀的方便，以圆球的顶面为 Z 向 O 平面，以 FANUC 0i 系统为例，则整个程序如下：

```
O1000;
G91 G28 Z0;              机床返回参考点
T01 M06;                 换平底刀进行粗加工
M03 S600;                粗加工切削参数
G90 G54 G00 Z100.;
G00 X0 Y0;
```

```
Z3. ;
#1=0;                              粗加工,以角度为自变量
WHILE[#1LE90]DO1;                  粗加工循环条件
#2=40*SIN#1+5;                     模型 X 值
#3=40-40*COS#1;                    模型 Z 值
#4=#2;                             刀具动点的 X 坐标值(编程坐标系中)
#5=-#3;                            刀具动点的 Z 坐标值(编程坐标系中)
G01 X#4 Y0 F200;                   刀具在 XY 面上定位
G01 Z#5 F60;                       刀具在 Z 方向下降高度
G02 X#4 Y0 I-#4 J0 F100;           刀具在 XY 面上沿整圆轨迹插补
#1=#1+1;                           θ 逐渐增加,使刀具在 Z 方向每次下降一个高度
END1;                              粗加工循环结束
G00 Z100. ;
M05;
G91 G28 Z0;                        机床返回参考点
T02 M06;                           换球头刀进行精加工
M03 S1000;                         精加工切削参数
G90 G49 G00 Z100.H02;              刀具快速定位,建立刀具长度补偿
Z3. ;
#1=0;                              精加工,以角度为自变量
WHILE[#1LE90]DO2;
#2=[40+4]*SIN#1;                   模型 X 值
#3=[40+4]*[1-COS#1];               模型 Z 值
#4=#2;                             刀具动点的 X 坐标值(编程坐标系中)
#5=-#3;                            刀具动点的 Z 坐标值(编程坐标系中)
G01 X#4 Y0 F200;                   刀具在 XY 面上定位
G01 Z#5 F60;                       刀具在 Z 方向下降高度
G02 X#4 Y0 I-#4 J0 F100;           刀具在 XY 面上沿整圆轨迹插补
#1= #1+0.5;                        θ 逐渐增加,使刀具在 Z 方向每次下降一个高度
END2;                              精加工循环结束
G00 Z100. ;
M05;
M30;                               程序结束并复位
```

该部分主要分析了宏程序在三维曲面编程时的编程思路和程序设计,给出球面加工宏程序编制的几何模型和数学模型,利用 FANUC 0i 系统提供的宏指令实现球面加工的手工编程。

4.2.2　宏程序在三维曲面编程中的具体应用

1. 球刀加工凹球

【例4-5】　球刀加工如图4-20所示凹半球，用宏程序编写其加工程序。已知凹半球的半径R，刀具半径r。

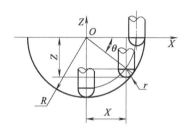

图4-20　球刀加工凹半球编程实例

（1）编程思路

凹半球加工方法为刀具在Z方向沿着圆弧分层下刀，每下刀一次后，在XY方向进行圆弧插补，最终用台阶面拟合半球面。

建立如图4-20所示几何模型，确定变量表达式如下：

$\#1=\theta=0$(高度方向角度变量，初始值为0)；

$\#2=X$(球头刀球心坐标)$=[R-r]*COS\#1$；

$\#3=Z$(球头刀球心坐标)$=[R-r]*SIN\#1+r$；

设球头刀的球心与半球的球心连线与水平面的夹角θ为自变量$\#1$，从工件上表面开始，$\#1$每变化一次，刀具下降一个高度，计算该层的动点坐标值X（$\#2$）、Z（$\#3$），然后完成该层XY面上的整圆插补，如此循环，直到刀具下降到球面底部时退出循环。循环的判定条件为：当$\#1$小于等于90时，进行加工循环，当$\#1$大于90时，加工循环结束。循环的程序执行流程如图4-21所示。

（2）变量设置

编程用到的具体变量的设置见表4-7。

表4-7　变量设置

变量	表示内容	表达式	取值范围
$\#1$	角度θ	自变量	$0\sim360°$
$\#2$	几何坐标系中的X坐标	$\#2=X=[R-r]*COS\#1$	$0\sim R-r$
$\#3$	几何坐标系中的Z坐标	$\#3=Z=[R-r]*SIN\#1+r$	$0\sim R-r$
$\#4$	工件坐标系中的X坐标	$\#4=\#2$	$0\sim R-r$
$\#5$	工件坐标系中的Z坐标	$\#5=-\#3$	$-(R-r)\sim0$

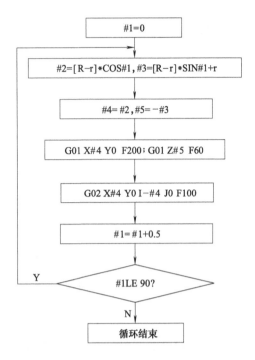

图 4-21 循环的程序执行流程

（3）程序编写

编程原点在工件上表面中心，程序编写如下。

O1000;	程序名
M03 S800;	主轴正转,转速 800r/min
G90 G54;	绝对坐标编程,调用 G54 坐标系
G00 X0 Y0 Z100.;	刀具快速定位到起始点
G00 Z3.;	Z 向快速下刀
#1=0;	定义角度变量# 1,初值为 0
WHILE[＃1LE90]DO1;	设定循环条件
＃2=[R−r]＊COS＃1;	刀具动点的 X 坐标值(几何坐标系中)
＃3=[R−r]＊SIN＃1+r;	刀具动点的 Z 坐标值(几何坐标系中)
＃4=＃2;	刀具动点的 X 坐标值(编程坐标系中)
＃5=−＃3;	刀具动点的 Z 坐标值(编程坐标系中)
G01 X＃4 Y0 F200;	刀具在 XY 面上定位
G01 Z＃5 F60;	刀具在 Z 方向下降高度
G02 X＃4 Y0 I−＃4 J0 F100;	刀具在 XY 面上沿整圆轨迹插补
＃1=＃1+1;	角度变量递增
END1;	循环结束

```
G00 Z100.;                    快速抬刀
M05;                          主轴停转
M30;                          程序结束并复位
```

这里需要注意的是：当加工凸半球或凹半球的一部分时，可以通过改变♯1即 θ 角来实现。如果凹半球底部不加工可以利用平刀加工，方法相似。

2. 平刀倒孔口凸圆角

【例 4-6】 平底刀倒如图 4-22 所示孔口凸圆角。用宏程序编写其加工程序。已知孔口直径 ϕ，孔口圆角半径 R，平刀半径 r。

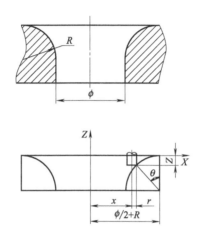

图 4-22　平底刀倒孔口凸圆角

（1）编程思路

平底刀倒孔口凸圆角的加工方法为刀具在 Z 方向沿着倒圆角分层下刀，每下刀一次后，在 XY 方向进行圆弧插补，最终用台阶面拟合孔口圆角。

建立如图 4-22 所示几何模型，确定变量表达式如下：

♯1 = θ = 0(高度方向角度变量,初始值为 0)

♯2 = X(平底刀中心坐标) = $\phi/2+R-r-R*SIN$♯1

♯3 = Z = $R-R*COS$♯1

设夹角 θ 为自变量♯1，从工件上表面开始，♯1 每变化一次，刀具下降一个高度，计算该层的动点坐标值 X（♯2）、Z（♯3），然后完成该层 XY 面上的整圆插补，如此循环，直到刀具下降到孔口倒角端部时退出循环。循环的判定条件为：当♯1 小于等于 90 时，进行加工循环，当♯1 大于 90 时，加工循环结束。循环的程序执行流程如图 4-23 所示。

（2）变量设置

编程用到的具体变量的设置见表 4-8。

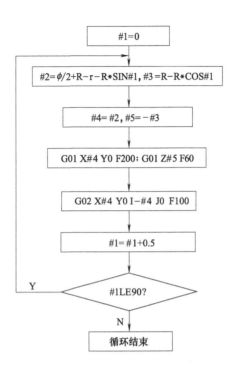

图 4-23　循环的程序执行流程

表 4-8　变量设置

变量	表示内容	表达式	取值范围
#1	角度 θ	自变量	0～90°
#2	几何坐标系中的 X 坐标	$\#2 = \phi/2 + R - r - R * SIN\#1$	$\phi/2 - r \sim \phi/2 + R - r$
#3	几何坐标系中的 Z 坐标	$\#3 = R - R * COS\#1$	$0 \sim R$
#4	工件坐标系中的 X 坐标	$\#4 = \#2$	$\phi/2 - r \sim \phi/2 + R - r$
#5	工件坐标系中的 Z 坐标	$\#5 = -\#3$	$-R \sim 0$

（3）程序编写

编程原点在工件上表面中心，程序编写如下。

```
O1000;                          程序名
G90 G54;                        绝对坐标编程,调用 G54 坐标系
G00 X0 Y0 Z100. ;               刀具快速定位到起始点
M03 S800;                       主轴正转,转速 800r/min
G00 Z3. ;                       Z 向快速下刀
#1=0;                           定义角度变量# 1,初值为 0
WHILE #1 LE 90;                 设定循环条件
#2=φ/2+R-r-R*SIN[#1];          刀具动点的 X 坐标值(几何坐标系中)
```

```
#3＝R－R＊COS[#1];                      刀具动点的 Z 坐标值(几何坐标系中)
#4＝#2;                                  刀具动点的 X 坐标值(编程坐标系中)
#5＝－#3;                                刀具动点的 Z 坐标值(编程坐标系中)
G01 X#4 Y0 F200;                        刀具在 XY 面上定位
G01 Z#5 F60;                            刀具在 Z 方向下降高度
G02 X#4 Y0 I－#4 J0 F100;               刀具在 XY 面上沿整圆轨迹插补
#1＝#1＋0.5;                             角度变量递增
ENDW;                                    循环结束
G00 Z100.;                              快速抬刀
M05;                                     主轴停转
M30;                                     程序结束并复位
```

3. 平底刀加工孔口凹圆角

【例 4-7】 平底刀加工如图 4-24 所示孔口凹圆角，用宏程序编写其加工程序。已知孔口直径 ϕ，孔口圆角半径 R，平刀半径 r。

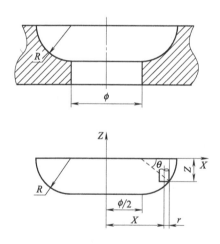

图 4-24　平底刀加工孔口凹圆角

（1）编程思路

平底刀加工孔口凹圆角的加工方法为刀具在 Z 方向沿着圆角分层下刀，每下刀一次后，在 XY 方向进行圆弧插补，最终用台阶面拟合凹圆角。

建立如图 4-24 所示几何模型，确定变量表达式如下：

#1＝θ＝0(θ 从 0°～90°,设定初始值#1＝0)

#2＝X(平底刀中心坐标)＝ϕ/2＋R＊COS#1－r

#3＝Z＝R＊SIN#1

设夹角 θ 为自变量#1，从工件上表面开始，#1 每变化一次，刀具下降一个高度，计算该层的动点坐标值 X （#2）、Z （#3），然后完成该层 XY 面上的整圆插补，如此循

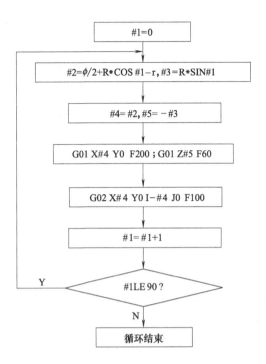

图 4-25   循环的程序执行流程

环，直到刀具下降到凹圆角端部时退出循环。循环的判定条件为：当♯1小于等于90时，进行加工循环，当♯1大于90时，加工循环结束。循环的程序执行流程如图4-25所示。

（2）变量设置

编程用到的具体变量的设置见表4-9。

表 4-9   变量设置

变量	表示内容	表达式	取值范围
♯1	角度 θ	自变量	$0 \sim 90°$
♯2	几何坐标系中的 X 坐标	$♯2 = \phi/2 + R * SIN♯1 - r$	$\phi/2 - r \sim \phi/2 + R - r$
♯3	几何坐标系中的 Z 坐标	$♯3 = R * SIN♯1$	$0 \sim R$
♯4	工件坐标系中的 X 坐标	$♯4 = ♯2$	$\phi/2 - r \sim \phi/2 + R - r$
♯5	工件坐标系中的 Z 坐标	$♯5 = -♯3$	$-R \sim 0$

（3）程序编写

编程原点在工件上表面中心，程序编写如下。

```
O1000;                          程序名
G90 G54;                        绝对坐标编程,调用 G54 坐标系
G00 X0 Y0 Z100.;                刀具快速定位到起始点
M03 S800;                       主轴正转,转速 800r/min
G00 Z3.;                        Z 向快速下刀
```

```
♯1＝0;                          定义角度变量♯1,初值为 0
WHILE[♯1LE90];                 设定循环条件
♯2＝φ/2＋R＊COS♯1－r;           刀具动点的 x 坐标值(几何坐标系中)
♯3＝R＊SIN♯1;                  刀具动点的 z 坐标值(几何坐标系中)
♯4＝♯2;                        刀具动点的 x 坐标值(编程坐标系中)
♯5＝－♯3;                      刀具动点的 z 坐标值(编程坐标系中)
G01 X♯4 Y0 F200;               刀具在 XY 面上定位
G01 Z♯5 F60;                   刀具在 Z 方向下降高度
G02 X♯4 Y0 I－♯4 J0 F100;      刀具在 XY 面上沿整圆轨迹插补
♯1＝♯1＋1;                      角度变量递增
ENDW;                          循环结束
G00 Z100.;                     快速抬刀
M05;                           主轴停转
M30;                           程序结束并复位
```

4. 球刀倒孔口凸圆角

【例 4-8】 球刀倒如图 4-26 所示孔口凸圆角,用宏程序编写其加工程序。已知孔口直径 ϕ,孔口圆角半径 R,球刀半径 r。

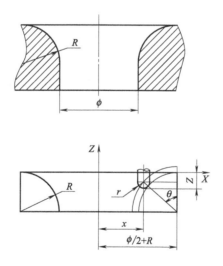

图 4-26　球刀倒孔口凸圆角

(1) 编程思路

球刀倒孔口凸圆角的加工方法为刀具在 Z 方向沿着圆角分层下刀,每下刀一次后,在 XY 方向进行圆弧插补,最终用阶梯面拟合凸圆角,其拟合精度比平底刀加工得更高。

建立如图 4-27 所示几何模型,确定变量表达式如下:

$\sharp 1＝\theta＝0$(θ 从 $0°$～$90°$,设定初始值 $\sharp 1＝0$)

♯2＝X(球头刀球心坐标)＝$\phi/2$＋R－[R＋r]＊SIN♯1

♯3＝Z(球头刀球心坐标)＝R－[R＋r]＊COS♯1＋r＝[R＋r]＊[1－COS♯1]

设夹角 θ 为自变量♯1，从工件上表面开始，♯1 每变化一次，刀具下降一个高度，计算该层的动点坐标值 X（♯2）、Z（♯3），然后完成该层 XY 面上的整圆插补，如此循环，直到刀具下降到凸圆角端部时退出循环。循环的判定条件为：当♯1 小于等于 90 时，进行加工循环，当♯1 大于 90 时，加工循环结束。循环的程序执行流程如图 4-27 所示。

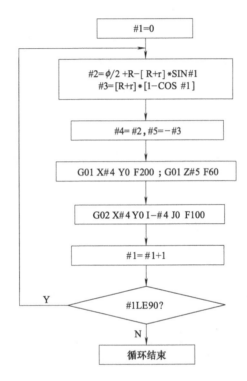

图 4-27 循环的程序执行流程

（2）变量设置

编程用到的具体变量的设置见表 4-10。

表 4-10 变量设置

变量	表示内容	表达式	取值范围
♯1	角度 θ	自变量	0～90
♯2	几何坐标系中的 X 坐标	♯2＝$\phi/2$＋R－[R＋r]＊SIN♯1	$\phi/2-r$～$\phi/2+R$
♯3	几何坐标系中的 Z 坐标	♯3＝[R＋r]＊[1－COS♯1]	0～R＋r
♯4	工件坐标系中的 X 坐标	♯4＝♯2	$\phi/2-r$～$\phi/2+R$
♯5	工件坐标系中的 Z 坐标	♯5＝－♯3	$-(R+r)$～0

（3）程序编写

编程原点在工件上表面中心，程序编写如下。

```
O1000;                          程序名
G54 G00 X0 Y0 Z100.;            调用 G54 坐标系,刀具快速定位到起始点
M03 S800;                       主轴正转,转速 800r/min
G00 Z3.;                        Z 向快速下刀
#1=0;                           定义角度变量#1,初值为 0
WHILE[#1LE90]DO1;               设定循环条件
#2=φ/2+R-[R+r]*SIN#1;           刀具动点的 X 坐标值(几何坐标系中)
#3=[R+r]*[1-COS#1];             刀具动点的 Z 坐标值(几何坐标系中)
#4=#2;                          刀具动点的 X 坐标值(编程坐标系中)
#5=-#3;                         刀具动点的 Z 坐标值(编程坐标系中)
G01 X#4 Y0 F200;                刀具在 XY 面上定位
G01 Z#5 F60;                    刀具在 Z 方向下降高度
G02 X#4 Y0 I-#4 J0 F100;        刀具在 XY 面上沿整圆轨迹插补
#1=#1+1;                        角度变量递增
END1;                           循环结束
G00 Z100.;                      快速抬刀
M05;                            主轴停转
M30;                            程序结束并复位
```

5. 平刀倒孔口斜角

【例 4-9】 平刀倒如图 4-28 所示孔口斜角,用宏程序编写其加工程序。已知内孔直径 ϕ,倒角角度 θ,倒角深度 Z_1。

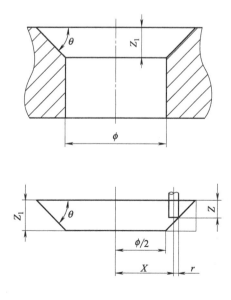

图 4-28 平刀倒孔口斜角

（1）编程思路

平刀倒孔口斜角的加工方法为刀具在 Z 方向沿着圆角分层下刀，每下刀一次后，在 XY 方向进行圆弧插补，最终用阶梯面拟合倒角。

建立如图 4-28 所示几何模型，确定变量表达式如下：

$\#1 = Z = 0$（从 0 变化到 Z_1，设定初始值 $\#1 = 0$）

$\#2 = X$（平底刀中心坐标）$= \phi/2 + Z_1 * COT\theta - \#1 * COT\theta - r$

$\#3 = Z = \#1$

设 Z 坐标为自变量 $\#1$，从工件上表面开始，$\#1$ 每变化一次，刀具下降一个高度，计算该层的动点坐标值 X（$\#2$）、Z（$\#3$），然后完成该层 XY 面上的整圆插补，如此循环，直到刀具下降到倒角端部时退出循环。循环的判定条件为：当 $\#1$ 小于等于 Z_1 时，进行加工循环，当 $\#1$ 大于 Z_1 时，加工循环结束。循环的程序执行流程如图 4-29 所示。

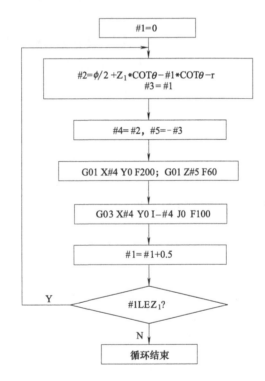

图 4-29　循环的程序执行流程

（2）变量设置

编程用到的具体变量的设置见表 4-11。

表 4-11　变量设置

变量	表示内容	表达式	取值范围
$\#1$	Z 坐标	自变量	$0 \sim Z_1$
$\#2$	几何坐标系中的 X 坐标	$\#2 = \phi/2 + Z_1 * COT\theta - \#1 * COT\theta - r$	$\phi/2 - r \sim \phi/2 + Z_1 * COT\theta - r$
$\#3$	几何坐标系中的 Z 坐标	$\#3 = \#1$	$0 \sim Z_1$

变量	表示内容	表达式	取值范围
#4	工件坐标系中的 X 坐标	#4=#2	$\phi/2-r \sim \phi/2+Z_1 * COT\theta - r$
#5	工件坐标系中的 Z 坐标	#5=-#3	$-Z_1 \sim 0$

（3）程序编写

编程原点在工件上表面中心，程序编写如下。

```
O1000;                              程序名
G54 G00 X0 Y0 Z100.;                调用G54坐标系,刀具快速定位到起始点
M03 S800;                           主轴正转,转速 800r/min
G00 Z3.;                            Z向快速下刀
#1=0;                               定义Z向每次下降高度为变量#1,初值为0
WHILE[#1LEZ1];                      设定循环条件
#2=φ/2+Z1 * COTθ-#1 * COTθ-r;      刀具动点的 XY 坐标值(几何坐标系中)
#3=#1;                              刀具动点的 Z 坐标值(几何坐标系中)
#4=#2;                              刀具动点的 X 坐标值(编程坐标系中)
#5=-#3;                             刀具动点的 Z 坐标值(编程坐标系中)
G01 X#4 Y0 F200;                    刀具在 XY 面上定位
G01 Z#5 F60;                        刀具在 Z 方向下降高度
G03 X#4 Y0 I-#4 J0 F100;           刀具在 XY 面上沿整圆轨迹插补
#1=#1+0.5;                          下降高度变量递增
ENDW;                               循环结束
G00 Z100.;                          快速抬刀
M05;                                主轴停转
M30;                                程序结束并复位
```

6. 球刀倒孔口斜角

【例 4-10】 球刀倒如图 4-30 所示孔口斜角，用宏程序编写其加工程序。已知内孔直径 ϕ，倒角角度 θ，倒角深度 Z_1。

（1）编程思路

球刀倒孔口斜角的加工方法为刀具在 Z 方向沿着圆角分层下刀，每下刀一次后，在 XY 方向进行圆弧插补，最终用阶梯面拟合倒角，其拟合精度比平底刀加工得更高。

建立如图 4-30 所示几何模型，首先求出：

$Z_2 = r - r * COS\theta$， $X_2 = r * SIN\theta$

接下来确定变量表达式如下：

$\#1 = Z = Z_2$（由 Z_2 变化到 $Z_1 + Z_2$，初始值为 Z_2）

$\#2 = X = \phi/2 + Z_1 * COT\theta - [Z - Z_2] * COT\theta - X_2$

$\quad = \phi/2 + Z_1 * COT\theta - [\#1 - r + r * COS\theta] * COT\theta - r * SIN\theta$

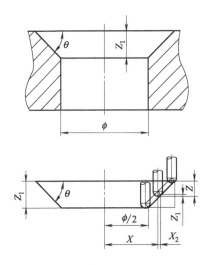

图 4-30　球刀倒孔口斜角

$$=\phi/2+[Z_1-\sharp 1+r-r*COS\theta]*COT\theta-r*SIN\theta$$

$\sharp 3=Z=\sharp 1$

设 Z 为自变量 $\sharp 1$，从工件上表面开始，$\sharp 1$ 每变化一次，刀具下降一个高度，计算该层的动点坐标值 X（$\sharp 2$）、Z（$\sharp 3$），然后完成该层 XY 面上的整圆插补，如此循环，直到刀具下降到倒角端部时退出循环。循环的判定条件为：当 $\sharp 1$ 小于等于 Z_1+Z_2 时，进行加工循环，当 $\sharp 1$ 大于 Z_1+Z_2 时，加工循环结束。循环的程序执行流程如图 4-31 所示。

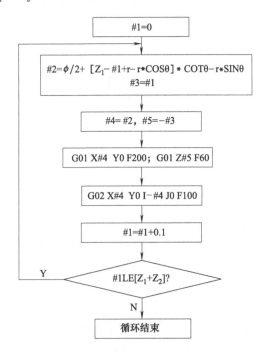

图 4-31　程序执行流程

（2）变量设置

编程用到的具体变量的设置见表 4-12。

表 4-12　变量设置

变量	表示内容	表达式	取值范围
#1	Z 坐标	自变量	$Z_2 \sim Z_1 + Z_2$
#2	几何坐标系中的 X 坐标	$\phi/2 + [Z_1 - \#1 + r - r*\cos\theta]*\cot\theta - r*\sin\theta$	$\phi/2 - X_2 \sim \phi/2 + Z_1*\cot\theta - X_2$
#3	几何坐标系中的 Z 坐标	$\#3 = \#1$	$Z_2 \sim Z_1 + Z_2$
#4	工件坐标系中的 X 坐标	$\#4 = \#2$	$\phi/2 - X_2 \sim \phi/2 + Z_1*\cot\theta - X_2$
#5	工件坐标系中的 Z 坐标	$\#5 = -\#3$	$-(Z_1+Z_2) \sim -Z_2$

（3）程序编写

编程原点在工件上表面中心，程序编写如下。

```
O1000;
S1000 M03;
G90 G54;                              绝对坐标编程,调用 G54 坐标系
G00 X0 Y0 Z100.;                      刀具快速定位到起始点
G00 X0 Y0;
G00 Z3.;
#1=Z₂;                                定义刀具下降高度为自变量#1
WHILE[#1LE[Z₁+Z₂]]DO1;                循环判定条件
#2=φ/2+[Z₁-#1+r-r*COSθ]*COTθ-r*SINθ;
                                      刀具动点的 X 坐标值(几何坐标系中)
#3=#1;                                刀具动点的 Z 坐标值(几何坐标系中)
4=#2;                                 刀具动点的 X 坐标值(编程坐标系中)
#5=-#3;                               刀具动点的 Z 坐标值(编程坐标系中)
G01 X#4 Y0 F200;                      刀具在 XY 面上定位
G01 Z#5 F60;                          刀具在 Z 方向下降高度
G03 X#4 Y0 I-#4 J0 F100;              刀具在 XY 面上沿整圆轨迹插补
#1=#1+0.1;                            自变量不断变化
END1;                                 循环结束
G00 Z100.;
M05;
M30;
```

4.2.3 椭球体加工编程

目前的椭圆轮廓数控铣削宏程序编制,通常只考虑一个坐标平面内的椭圆轮廓,而且只实现精加工,而无法完成整个立方体毛坯到椭球体的去余量加工,存在很大的局限性。椭球体三个坐标平面投影均为椭圆,粗加工不但要在高度方向分层切削,在每层切削时,在切削平面上也要按步距多次切削完成自动去余量加工。在高度方向用等角度法直线拟合椭圆,每拟合到一个高度,再在垂直于高度方向上沿椭圆轮廓切削。该过程用宏程序嵌套编程来实现,具体给出椭球体编程时的数学模型和宏程序设计,可以有效解决复杂形状零件宏程序手工编程时的自动去余量加工难题。

现在有关非圆曲线数控铣削的宏程序编程方面的研究很多,但都是只针对一个坐标平面内的椭圆轮廓,而且只讨论精加工的编程,而无法完成整个方料毛坯到椭球体的去余量加工,这对实际加工来说很难真正用宏程序完成整个零件的加工,在实际使用当中存在很大的缺陷和局限性。这就需要利用宏程序设计和开发出能够自动完成非圆曲线尤其是三坐标非圆曲线轮廓零件加工的编程方法。

1. 椭球体加工宏程序设计思路

在加工椭球体时,其三个平面内的投影均为椭圆,如图 4-32 所示。而要将一个正方体或长方体毛坯加工成椭球体的难点在于如何利用宏程序循环多次切削去掉余量。采用分层切削和每层平面内切削嵌套的方法完成椭球体的粗加工,具体要用到 FANUC 0i 系统的宏程序多重嵌套编程功能。粗加工时,刀具在 Z 方向下降(或抬高,具体取决于是从

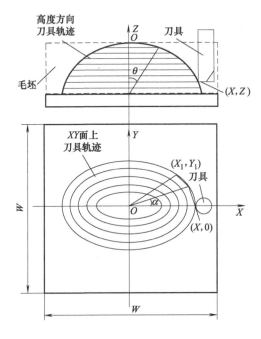

图 4-32　椭球体加工的宏程序编制思路

上而下还是从下而上加工）一定高度（具体数值取决于加工出来的椭球面要达到的精度）后，在 XY 面上利用变量自动循环多次切削完成去余量加工，在该层 XY 面上的加工余量去除完后，刀具在 Z 方向再下降一个层高，确定新的刀具位置 $(X，Z)$，再次进入该层 XY 面上的去余量加工，如此循环，直到刀具下降到球面底部（或抬高到球面顶点处）时退出循环。

变量运算时，高度方向以角度 θ 为自变量，每次增加一定角度，X、Z 值为因变量，可由数学模型确定的表达式来计算得出，从而可确定刀具下降层高后的位置 $(X，Z)$ 和每层 XY 面上椭圆的起点与终点位置 $(X，0)$，从而自动完成分层切削；XY 面上以角度 α 为自变量，每次增加一定角度，以拟合直线的终点坐标 $(X_1，Y_1)$ 为因变量。因为每层的余量不一样，所以每层的椭圆加工次数也不一样，需要根据加工到该层的椭圆轮廓的实际大小自动计算。整个宏程序的执行过程如图 4-33 所示。精加工时，只需要保证加工后椭球面的精度，所以可以让自变量的变化值取粗加工的一半或更小。

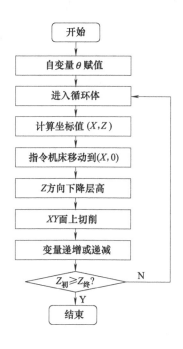

图 4-33 宏程序执行过程

2. 椭球体加工的宏程序设计

（1）加工方案

为了应用的通用性，假设毛坯为 $W \times W \times h$ 的长方体，加工之后的工件为半椭球体。要完成零件的加工，必须先用平底刀完成去余量粗加工，才能用球头刀完成最后的精加工。

（2）粗加工编程分析及变量设计

平底刀的半径为 r，建立如图 4-34 所示几何模型。编程时以平底刀的中心为刀位点，

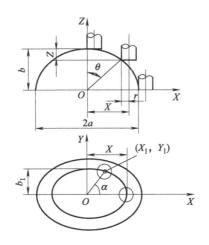

图 4-34　粗加工几何分析

则编程时的变量设计如下。

$\sharp 1 = \theta$(高度方向角度自变量,设定初始值$\sharp 1 = 0$);

$\sharp 2 = X = a * SIN\sharp 1 + r$ (刀具中心 X 坐标);

$\sharp 3 = Z = b - b * COS\sharp 1 = b * [1 - COS\sharp 1]$ (刀尖下降高度);

$\sharp 4 = \alpha$(XY 面角度自变量,设定初始值$\sharp 4 = 0$);

$\sharp 5 = W$(毛坯边长);

$\sharp 6 = $步距;

$\sharp 7 = $任意层高处 XY 面需要切削的最大余量(为了计算方便,每层切削时,将最后的加工轮廓看作半径为 b_1 的圆);

$\sharp 8 = $每层 XY 面铣削时的粗切次数,需要取整,并重置为初始值;

$\sharp 9 = $每层 XY 面铣削时,每切一圈的椭圆长半轴;

$\sharp 10 = $每层 XY 面铣削时,每切一圈的椭圆短半轴;

$\sharp 11 = X_1 = X * COS\sharp 4 = \sharp 9 * COS\sharp 4$(刀具中心在 XY 面上拟合点的横坐标)

$\sharp 12 = Y_1 = b_1 * SIN\sharp 4 = [\sharp 9 * b/a] * SIN\sharp 4$(刀具中心在 XY 面上拟合点的纵坐标)

（3）精加工编程分析及变量设计

球头刀的半径为 r,建立如图 4-35 所示几何模型,编程时以球头刀的球心为刀位点,则编程时的变量设计如下。

$\sharp 1 = \theta$(高度方向角度自变量,设定初始值$\sharp 1 = 0$)

$\sharp 2 = X = [a + r] * SIN\sharp 1$ (球头刀球心 X 坐标)

$\sharp 3 = Z = b - [b + r] * COS\sharp 1 + r = [b + r] * [1 - COS\sharp 1]$ (刀尖下降高度)

$\sharp 4 = \alpha$(XY 面角度自变量,设定初始值$\sharp 4 = 0$)

$\sharp 5 = X_1 = X * COS\sharp 4 = \sharp 2 * COS\sharp 4$(球头刀球心在 XY 面上拟合点的横坐标)

$\sharp6=Y_1=b_1*SIN\sharp4=[\sharp2*b/a]*SIN\sharp4$(球头刀球心在 XY 面上拟合点的纵坐标)

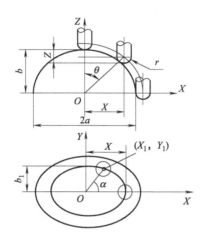

图 4-35 精加工几何分析

3. 椭球体加工应用实例

【例 4-11】 如图 4-36 所示。毛坯为 $100mm \times 100mm \times 30mm$ 的长方体,平底刀半径和球头刀的半径均为 $5mm$,刀号分别为 T01 和 T02。

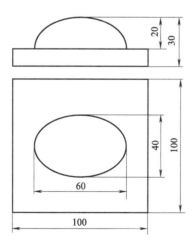

图 4-36 椭球加工实例

编程时以半椭球的顶面为 Z 向 O 平面,以 FANUC 0i 系统为例编程,粗加工用三重循环嵌套,精加工用两重循环嵌套。粗加工的程序执行流程如图 4-37 所示,精加工的程序执行流程如图 4-38 所示。

整个程序如下:

```
O1000;
G91 G28 Z0;
T01 M06;                              换平底刀粗加工
M03 S1000;
G90 G54 G00 Z100.H01;
G00 X0 Y0;
Z3.;
#1=0;                                 高度方向角度自变量,初值为 0
WHILE[#1LE90]DO1;                     粗加工第一重循环
#2=30*SIN#1+5;                        刀具中心 X 坐标
#3=20*[1-COS#1];                      刀尖下降高度
G01 X[#2] Y0 F100;
Z[-#3];
#5=100;                               毛坯边长
#6=1.6*5;                             步距
#7=0.707*#5-b₁=0.707*#5-#2*20/30;
                                      任意层高处 XY 面需要切削的最大余量
#8=FIX[#7/#6];                        每层 XY 面铣削时的粗切次数
WHILE[#8GT0]DO2;                      粗加工第二重循环
#9=#2+#8*#6;                          每层 XY 面铣削时,每切一圈的椭圆长半轴
#10=#9*20/30;                         每层 XY 面铣削时,每切一圈的椭圆短半轴
G01 X[#9] Y0 F100;
#4=0;                                 XY 面角度自变量
WHILE[#4LE360]DO3;                    粗加工第三重循环
G01 X[#11] Y[#12] F100;               在 XY 面上用多圈加工,每圈都用直线拟合
                                      椭圆,实现循环粗切加工。
#11=#9*COS#4;                         刀具中心在 XY 面上拟合点的横坐标
#12=#10*SIN#4=[#9*20/30]*SIN#4;
                                      刀具中心在 XY 面上拟合点的纵坐标
#4=#4+1;                              XY 面角度自变量不断变化
END3;                                 粗加工第三重循环结束
#8=#8-1;                              粗切次数不断变化
END2;                                 粗加工第二重循环结束
#1=#1+1;                              高度方向角度自变量不断变化
```

```
END1;                           粗加工第一重循环结束
G00 G49 Z100;
M05;
G91 G28 Z0;
T02 M06;                        换球头刀精加工
G90 G00 Z100.H02;
G00 X0 Y0;
Z3.;
#1=0;                           高度方向角度自变量,初值为 0
WHILE[#1LE90]DO1;               精加工第一重循环
#2=[30+5]*SIN#1;                球头刀球心 X 坐标
#3=[20+5]*[1-COS#1];            刀尖下降高度
G01X[#2]Y0 F200;
Z[-#3]F60;
#4=0;                           XY 面角度自变量
WHILE[#4LE360] DO2;             精加工第二重循环
#5=#2*COS#4;                    球头刀球心在 XY 面上拟合点的横坐标
#6=[#2*20/30]*SIN#4;            球头刀球心在 XY 面上拟合点的纵坐标
G01 X[#5] Y[#6] F100;
#4=#4+0.5;                      XY 面角度自变量不断变化
END2;                           精加工第二重循环结束
#1=#1+0.5;                      高度方向角度自变量不断变化
END1;                           精加工第一重循环结束
G00 G49 Z100.;
M05;
M30;                            程序结束并复位
```

　　宏程序在数控机床上的校验运行结果如图 4-39 所示。XY 面的运行轨迹为整椭圆，XZ 面的轨迹为半椭圆，而 YZ 面的轨迹为半圆，空间轮廓为不完全半椭球体。而 YZ 面的轨迹之所以为半圆，是因为图 4-36 中 XY 面的短半轴与 XZ 面的短半轴（分别为 YZ 面的长半轴和短半轴）相等，如果二者不相等，则 YZ 面的轨迹也为半椭圆，整个零件则为完全的椭球体。

　　分析了应用宏程序实现椭球体粗加工和精加工的编程思路，设计出相应的几何模型和宏变量分配。以 FANUC 0i 系统为例，利用其宏指令嵌套功能给出了具体零件的宏程序编程实例，开发出了椭球体手工编程的自动去余量加工程序，有效解决复杂形状零件宏程序手工编程时的自动去余量编程难题，可以广泛运用在椭球形封头等零件的加工编程中。

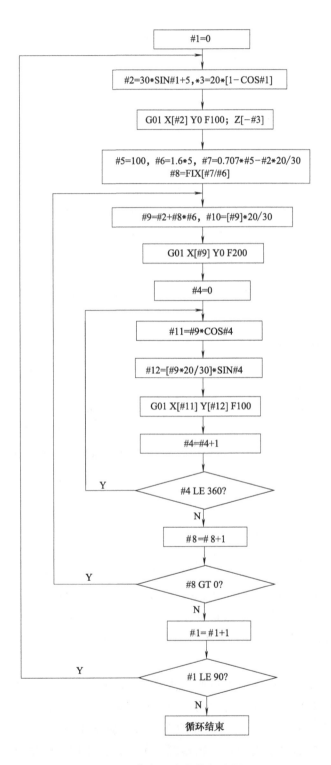

图 4-37　粗加工程序执行流程

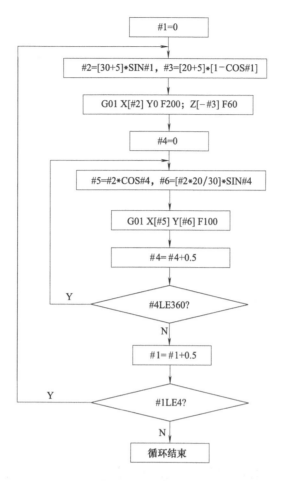

图 4-38　精加工程序执行流程

图 4-39　程序运行结果

第5章

宏程序在数控铣削简化及优化编程中的应用

5.1 宏程序在数控铣削简化编程中的应用

5.1.1 宏程序在多刀环切简化编程中的应用

1. 环切法的基本思路

在数控铣削加工中，环切是一种典型的走刀路线。

环切主要用于轮廓的半精加工及精加工，当然也可用于粗加工，只是用于粗加工时，其效率比行切低，但是由于环切的每一刀轨迹与零件轮廓相似，其实就相当于把零件轮廓进行了放大或缩小的等距变换，所以可以方便地用刀补功能实现。

环切加工是利用已有精加工刀补程序，通过修改刀具半径补偿值的方式，控制刀具从内向外或从外向内，一圈一圈去除工件余量，直至完成零件加工。

编写环切加工程序，要注意三个方面的问题：①环切刀具半径补偿值的计算；②考虑了刀具半径补偿后下刀点的确定；③如何在程序中修改刀具半径补偿值；④如何避免刀补增大超过凹圆弧半径时的刀具干涉。其中确定环切刀具半径补偿值可按如下步骤进行：

　　a. 确定刀具直径、环切步距和精加工余量；

　　b. 确定半精加工和精加工刀补值；

　　c. 确定环切第一刀的刀具中心相对零件轮廓的偏移值（第一刀刀补值）；

　　d. 根据环切步距确定中间各刀刀补值。

2. 基于宏程序的多刀环切简化编程

【例 5-1】　用环切法加工如图 5-1 所示零件内腔，环切路线为从内向外，用宏程序进行简化编程。

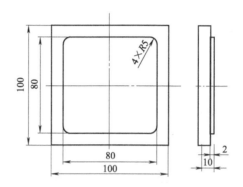

图 5-1　环切加工简化编程

（1）编程思路

① 环切加工刀补值的确定。根据内腔圆角半径 $R5$，选取 $\phi10$ 键槽铣刀（由于是内腔加工，无法从毛坯外面切向切入，必须垂直下刀，所以要选用有轴向切削能力的键槽铣刀），精加工余量为 0.5mm，走刀步距取 9mm（相邻两刀之间的重叠量为 1mm，这样可以避免留下残余）。由刀具半径 5mm，可知精加工和半精加工的刀补值分别为 5mm 和 5.5mm。

由图 5-2 可知，毛坯单边余量为 40mm，为保证第一刀的左右轮廓之间重叠（不留下残余），则左右轮廓之间的距离应该小于等于步距，为了提高粗加工切削效率，可以选取等于步距，则该刀刀补值＝40－9/2＝35.5mm。

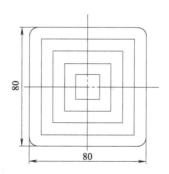

图 5-2　环切加工刀具轨迹

然后根据步距确定中间各刀刀补值,第二刀刀补值＝35.5－9＝26.5mm,第三刀刀补值＝26.5－9＝17.5mm,第四刀刀补值＝17.5－9＝8.5mm,第四刀刀补值与半精加工的刀补值之间的差值为3mm,远小于步距值,说明第四次环切后足以去掉粗加工余量。由此可知,该零件的环切加工共需6刀,其中粗加工4刀,刀补值分别为35.5mm、26.5mm、17.5mm、8.5mm,半精加工和精加工的刀补值分别为5.5mm和5mm。

② 刀补路径、切入切出路径及下刀点的确定。数控铣削时,刀具切入工件的方式有直线切向切入和圆弧切向切入两种。对于封闭轮廓的内腔来说,直线切向切入不易实现,所以只能选择圆弧切向切入。对于切削起点的选择来说,一般选择轮廓上凸出的角作为切削起点,对内轮廓,如没有这样的点,也可以选取圆弧与直线的相切点,以避免在轮廓上留下接刀痕。在确定切削起点后,再在该点附近确定一个合适的点,从而设立刀补的路径来完成刀补的建立与撤销。

在一般的刀补建立过程中,为缩短空刀距离,下刀点与切削起点的距离比刀具半径略大一点,建立刀补时刀具与工件不发生干涉即可。但在不断改变刀具半径补偿值的环切加工中,下刀点与切削起点的距离应大于多次刀补中最大的刀具半径补偿值,以避免产生刀具干涉报警。如果下刀点与切削起点的距离小于某次切削的刀补值,则该次刀补就无法执行,从而也就无法完成零件的加工。

如图5-3所示,编程原点(工件原点)设在零件上表面中心,由于粗加工的最大刀补值为35.5mm,所以下刀点与切削起点的距离应大于该值,为了减少空行程,这里设为36mm。从而下刀点为A(0,－4),刀补方向为右刀补,A点到B点直线段为刀补建立路径,D点到A点直线段为刀补撤销路径,B点到C点圆弧段为切向切入路径,C点到D点圆弧段为切向切出路径。

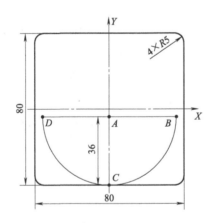

图5-3   附加路径及下刀点的确定

③ 粗加工和半精加工刀补干涉的处理。对于该内腔来说,零件轮廓上有半径为5mm的凹圆弧,当刀补值大于5mm时,系统就会发出"刀具干涉"的报警而停止加工,使得粗加工和半精加工都无法完成。为了解决这一问题,粗加工和半精加工时,直接把编程轮廓按正方形处理,如图5-4所示,精加工时再按零件轮廓编程。

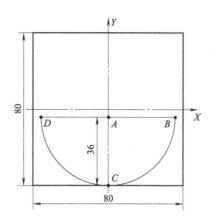

图 5-4　粗加工时的编程轮廓

粗加工和半精加工使用宏程序的循环功能进行编程。

设刀具补偿号为变量♯1，其初值为1，对应的刀补值为35.5。变量♯2不断变化（加1），对应的刀补值不断减小，实现从毛坯中心逐渐向零件轮廓的去余量粗加工，当♯1变化到5时，此时对应的刀补值为5.5，进行半精加工。粗加工和半精加工循环的判定条件为：当♯1小于等于5时，进行循环，当♯1大于5时，循环结束。然后设♯1＝6，再循环一次，完成精加工。整个程序的执行流程如图5-5所示。

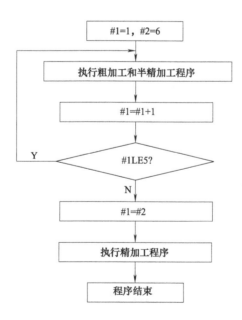

图 5-5　程序执行流程

（2）变量设置

直接用宏变量对刀补值赋值，在程序中修改刀具半径补偿值，使用宏程序的循环功能完成环切。编程用到的具体变量的设置见表 5-1。

表 5-1 变量设置

变量	表示内容	表达式	取值范围
#1	刀补号	#1＝#1＋1	1～5
#2	精加工刀补号	常量	6

（3）程序编写

```
O1000;
G54 G90 G17 G40;
M03 S1000;
G00 Z100.;
X0 Y－4.;
Z5.;
G01 Z－2.F60;
#1＝1;                          刀补号变量,初值为第一刀粗加工的刀补号
#2＝6;                          精加工刀补号
WHILE[ #1LE5 ]DO1;             循环判定条件
G42 G01 X36. D[ #1] F100;      建立刀具半径右补偿
G02 X0 Y－40. R36.;            顺时针圆弧切入
G01 X－40.;                    粗加工轮廓开始
Y40.;
X40.;
Y－40.;
X0;                            粗加工轮廓结束
G02 X－36.Y－4.R36.;           顺时针圆弧切出
G40 G01 X0;                    取消刀具半径补偿
#1＝#1＋1;                      刀补号不断变化
END1;                          循环结束
#1＝#2;                         刀补号设为精加工刀补号
G42 G01 X36. D[ #2] F50;       建立刀具半径右补偿
G02 X0 Y－40. R36.;            顺时针圆弧切入
G01 X－35.;                    精加工轮廓开始
G02 X－40.Y－4.R5.;
G01 Y35.;
G02 X－35.Y40.R5.;
G01 X35.;
G02 X40.Y35.R5.;
```

```
G01 Y-35.;
G02 X-35.Y-40.R5.;
G01 X0;                          精加工轮廓结束
G02 X-36.Y-4.R36.;               顺时针圆弧切出
G40 G01 X0;                      取消刀具半径补偿
G01 Z10.;
G00 Z100.;
M05;
M30;                             程序结束并复位
```

5.1.2 宏程序在多刀行切简化编程中的应用

1. 行切法的基本思路

在数控铣削加工中,行切也是一种典型的走刀路线。一般来说,行切主要用于粗加工,在手工编程时多用于面积较大的规则矩形平面、台阶面和矩形凹腔的加工,对非矩形区域的行切一般用自动编程实现。

对于行切走刀路线而言,每来回切削一次,其切削动作形成一种重复,如果将来回切削一次做成增量子程序,则利用子程序的重复可完成行切加工。

(1)矩形平面的行切区域计算

如图 5-6 所示,矩形平面一般采用图示直刀路线加工,切削方向(X 向)上,刀具中心需切削至零件轮廓的边沿,进刀方向(Y 向)上,在起始和终止位置,刀具边沿需伸出工件边沿一定距离,从而保证零件边沿不留下残余。

假定工件尺寸如图 5-6 所示,采用 $\phi60$ 面铣刀加工,步距 50mm,上、下边界刀具各伸出 10mm。则行切区域尺寸为 600mm×360mm(400+10×2-60)。

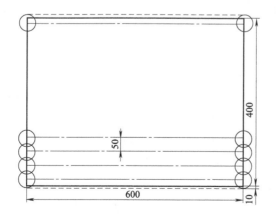

图 5-6 矩形平面的加工轨迹

（2）矩形下陷的行切区域计算

对矩形下陷而言，由于行切只用于去除中间部分余量，下陷的轮廓是采用环切获得的，因此其行切区域为半精加工形成的矩形区域，计算方法与矩形平面类似。

假定矩形凹腔尺寸如图 5-7 所示，由圆角 $R6$ 选 $\phi12$ 铣刀，精加工余量 0.5mm，步距 10mm，则半精加工形成的矩形为 $(90-12*2-0.5*2)*(70-12*2-0.5*2)=65*45$。为了使最后一刀粗加工和半精加工之间不留下残余，在行切上、下边界让刀具各伸出 1mm，则实际切削区域尺寸为 $65*(45+2-12)=65*35$。

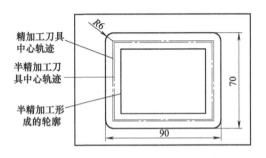

图 5-7   矩形凹腔的加工轨迹

2. 基于宏程序的多刀环切简化编程

【例 5-2】   对如图 5-6 所示的矩形平面，用行切法进行加工，行切顺序为从下向上。用宏程序进行简化编程。

（1）编程思路

行切法的实际加工过程为在 X 方向往复切削，在 Y 方向不断偏移。可以将一次往复切削过程编成子程序，在这一次切削过程中，刀具沿着 X 的正向切削一次后要在 Y 向偏移一个步距，刀具沿着 X 的负向切削一次后也要在 Y 向偏移一个步距。

由于行切最后一刀总是只有进刀动作，并没有实际切削，所以假设总进刀次数为 n，子程序重复次数为 m，总的实际进刀次数为 w，由于每调用子程序执行一次，要进刀两次，则 $w=2m-1$。很显然实际的进刀次数总是为奇数，这样当总进刀次数 n 为奇数时，不存在问题，而当总进刀次数 n 为偶数时，需要再补一刀，让 n 成为奇数，这样子程序重复次数也要增加一次。

根据前面的行切区域计算数据，总进刀次数 $n=$ 总进刀距离/步距 $=360/50=7.2$，取整为 7 次，则总的切削次数为 8 刀，进刀 7 次。子程序重复次数 $m=n/2=7/2=3.5$，取整为 4，则在整个切削过程中实际进刀次数 $w=2m-1=7$ 次。

当步距取为 50mm，从计算的总进刀次数可以看出，最后一刀实际不够一次切削，从使得实际切削量不均衡，这样可以将步距调整为：步距 = 总进刀距离/进刀次数，即实际切削步距为 $360/7≈52$mm。

从上面的分析可以看出，行切加工要不断调用子程序，使用宏程序的循环功能进行编程。将循环调用次数定义为变量 $\#1$，$\#1$ 每变化一次，调用一次子程序。子程序循环调用的判定条件为：当 $\#1$ 小于等于 4 时，进行循环调用，当 $\#1$ 大于 4 时，循环调用结束。

子程序循环调用的程序执行流程如图 5-8 所示。

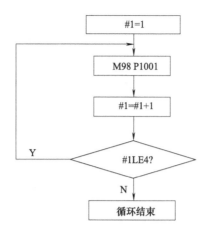

图 5-8　子程序循环调用程序执行流程

（2）变量设置

编程用到的具体变量的设置见表 5-2。

表 5-2　变量设置

变量	表示内容	表达式	取值范围
#1	子程序调用次数	自变量	1～4

（3）程序编写

编程原点（工件原点）设在工件上表面中心，假设上表面的铣削深度为 4mm，下刀点选在工件左下角点，程序编写如下：

```
O1000;                    主程序
G54 G90 G17 G40;
M03 S800;
G00 Z50.;
G00 X－300.0 Y－180.0;     定位到下刀点
Z5.;
G01 Z－4.F60;
#1＝1;                    子程序调用次数
WHILE[#1LE4]DO1;          循环判定条件
M98 P1001;                调用子程序
#1＝#1＋1;                 调用次数不断加1
END1;                     循环结束
G01 Z5.;
G00 Z100.;
```

```
X0 Y0；
M05；
M30；                                    主程序结束并复位
O1001；                                  子程序
G91 G01 X300. F100；                     增量坐标编程
Y10. ；
X－300. ；
Y10. ；
G90                                      绝对坐标编程
M99；                                     子程序结束
```

5.1.3 宏程序在相同轮廓重复加工简化编程中的应用

在实际加工中，相同轮廓的重复加工主要有两种情况：①同一零件上相同轮廓在不同位置出现多次；②在连续板料上加工多个零件。不管是哪种情况，都可以使用宏程序避免相同轮廓的重复编程，从而简化编程。

【例 5-3】 对如图 5-9 所示零件，用宏程序进行简化编程。

（1）编程思路

由图 5-9 可知，相同轮廓在行向（X 向）和列向（Y 向）均有重复，这样可以使用宏程序的两重循环来实现，第一级循环实现行向（X 向）的重复加工，第二级循环实现列向（Y 向）的重复加工。

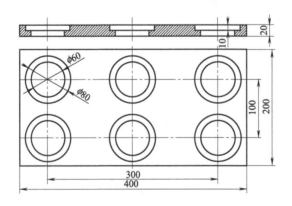

图 5-9 相同轮廓的重复加工

先分析第一级循环的编程。将列数定义为变量 $\#2$，列距定义为变量 $\#3$，左下角孔中心 X 坐标定义为变量 $\#5$，列变量定义为自变量 $\#7$，待加工孔的孔心 X 坐标定义为变量 $\#11$，则 $\#11＝\#5＋[\#7－1]*\#3$。自变量 $\#7$ 不断变化（加 1），$\#11$ 也随之变化，从而完成行向（X 向）循环定位。循环定位的判定条件为：当 $\#7$ 小于等于 $\#3$ 时，进行循环定位，当♯7大于♯3时，循环定位结束。

再分析第二级循环的编程。将行数定义为变量♯1，行距定义为变量♯4，左下角孔中心 Y 坐标定义为变量♯6，行变量定义为自变量♯8，待加工孔的孔心 Y 坐标定义为变量♯12，则♯12＝♯6＋[♯8－1]＊♯4。自变量♯8 不断变化（加1），♯12 也随之变化，从而完成列向（Y 向）孔的循环加工。循环加工的判定条件为：当♯8 小于等于♯1 时，进行循环定位，当♯7 大于♯3 时，循环加工结束。整个程序的执行流程如图 5-10 所示。

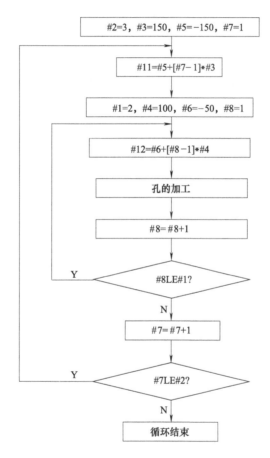

图 5-10　程序执行流程

（2）变量设置

编程用到的具体变量的设置见表 5-3。

表 5-3　变量设置

变量	表示内容	表达式	取值范围
♯1	行数	常量	12
♯2	列数	常量	3
♯3	列距	常量	150
♯4	行距	常量	100

变量	表示内容	表达式	取值范围
＃5	左下角孔中心 X 坐标	常量	−150
＃6	左下角孔中心 Y 坐标	常量	−60
＃7	列变量	＃7＝＃7＋1	1～3
＃8	行变量	＃8＝＃8＋1	1～2
＃11	待加工孔的孔心 X 坐标	＃11＝＃5＋[＃7−1]＊＃3	−150～150
＃12	待加工孔的孔心 Y 坐标	＃12＝＃6＋[＃8−1]＊＃4	−50～50

（3）程序编写

编程原点设在工件上表面中心，选用 $\phi12$ 键槽铣刀加工。直接按刀具中心轨迹编程（未考虑刀具半径补偿）。

```
O1000;
G54 G90 G17 G40;
M03 M08 S1000;
G00 Z50.;
#2=3;                        列数
#3=150;                      列距
#5=−150;                     左下角孔中心 x 坐标(起始孔)
#7=1;                        列变量
WHILE[#7 LE #2]DO1;          第一级循环判定条件
#11=#5+[#7−1]*#3;            待加工孔的孔心 x 坐标
#1=2;                        行数
#4=100;                      行距
#6=−50;                      左下角孔中心 y 坐标(起始孔)
#8=1;                        行变量
WHILE[#8 LE #1]DO2;          第二级循环判定条件
#12=#6+[#8−1]*#4;            待加工孔的孔心 y 坐标
G00 X[#11+24] Y#12;          刀具中心快速定位到φ60孔的加工起点上方
Z5.;                         刀具快速接近工件
G01 Z−22 F100;               下刀
G03 I−24.;                   逆时针整圆插补
G00 Z−10.;                   刀具抬起
G01 X[#11+34];               刀具中心定位到φ80孔的加工起点
G03 I−34.;                   逆时针整圆插补
G00 Z5.;
#8=#8+1;                     行变量不断变化
```

END2；	第二级循环结束
♯7＝♯7＋1；	列变量不断变化
END1；	第一级循环结束
G00 Z100.；	
M05；	
M09；	
M30；	程序结束并复位

5.1.4　宏程序在环形阵列孔系加工编程中的应用

所谓环形阵列孔，指的是在一个圆周上等角度分布着若干个孔，这些孔具有环形阵列特征。对环形阵列孔，如果对每个孔进行逐个编程，将会使得程序很烦琐，计算很麻烦。如果将其中一个孔的加工编成子程序，通过宏程序功能不断调取子程序来实现其他孔的加工，将会使编程非常简化。

【例5-4】　对如图5-11所示的环形阵列孔，用宏程序进行简化编程。

（1）编程思路

由图5-11可知，6个孔处于直径为60mm的分布圆上。孔起始角为30°，孔间夹角为60°，分布圆半径为30mm，孔径为20mm，孔深为40mm。

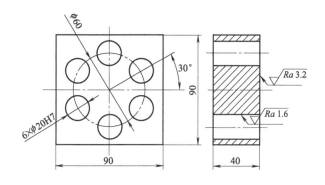

图5-11　环形阵列孔的加工

将孔数设为变量♯1，孔间角度设为变量♯2，孔中心 X 坐标设为变量♯3，孔中心 Y 坐标设为变量♯4。编程原点设在工件上表面中心，则♯3＝30＊COS［♯2］，♯4＝30＊SIN［♯2］，当孔数♯1不断变化，孔间角度♯2也随之变化，从而可以确定下一个孔的中心坐标♯3、♯4。给定循环条件，不断进行循环，即可完成所有孔的加工。循环的程序执行流程如图5-12所示。孔的加工顺序为逆时针方向加工，即加工第一个孔的初始角度和增量角均为正值，当需顺时针方向加工时，角度用负值指定。

（2）变量设置

编程用到的具体变量的设置见表5-4。

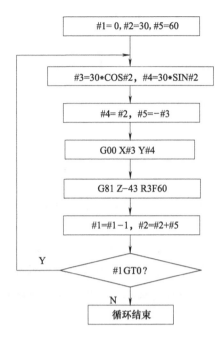

图 5-12　程序执行流程

表 5-4　变量设置

变量	表示内容	表达式	取值范围
#1	孔数	#1＝#1－1	1～6
#2	孔间角度	#2＝#2＋#5	30°～330°
#3	孔中心 X 坐标	#3＝30 * COS[#2]	
#4	孔中心 Y 坐标	#4＝30 * SIN[#2]	
#5	增量角	常量	60°

（3）程序编写

编程原点设在工件上表面中心，选用 ϕ19.8 的麻花钻（留下精加工余量），程序编写如下。

```
O1000;
M03 S400;
G54 G90 G00 X0 Y0 Z100.;
Z10.;
#1=6;                  孔数初值为 6
#2=30;                 孔间角度初值为 30°
#5=60;                 增量角为 60°
WHILE[#1GT0]DO1;       循环判定条件
#3=30 * COS[#2];       计算孔中心 X 坐标
```

```
#4＝30＊SIN[#2];            计算孔中心Y坐标
G00 X#3 Y#4;              钻孔前定位到目标孔处
G81 Z－43. R3. F60;        钻孔循环
#2＝#2＋#5;                计算下一孔的角度
#1＝#1－1;                  孔数减1
END1;                     循环结束
```

5.1.5　宏程序在矩形阵列孔系加工编程中的应用

所谓矩形阵列孔，指的是在一个矩阵的行和列上等间距分布着若干个孔，这些孔具有矩形阵列特征。对矩形阵列孔，同样可以通过使用宏程序简化编程。

【例5-5】　在一块厚度为30mm的板材上加工如图5-13所示矩形阵列孔（通孔），用宏程序进行加工编程。阵列基准为左下角第一个孔，孔径为8mm。

（1）编程思路

由图5-13可知，25个孔分布在5行5列的矩阵上。孔中心之间的行间距和列间距均为10mm，编程原点如图所示，起刀点为（30，20）。

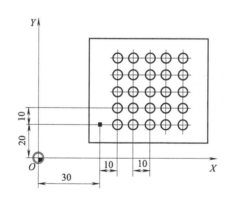

图5-13　矩形阵列孔的加工

这里按照加工中心编程，先用中心钻在每个孔的中心位置钻出中心孔，再用麻花钻进行孔的加工。使用宏程序调用指令G65，根据不同的钻孔方式传递不同的参数。传递参数的具体含义见表5-5。

表5-5　参数传递明细

参数名	对应变量	表示内容	表达式	取值范围
A	#1	行数	常量	5
B	#2	列数	常量	5
I	#4	行间距	常量	10

参数名	对应变量	表示内容	表达式	取值范围
J	#5	列间距	常量	10
R	#7	安全高度	常量	3
F	#9	钻孔速度	分别传递	60、100
Q	#17	每次钻进量	分别传递	0、5
X	#24	阵列左下角孔中心 X 坐标	常量	40
Y	#25	阵列左下角孔中心 Y 坐标	常量	20
Z	#26	钻孔深度	常量	$-3、-32$

　　该例也要使用宏程序循环语句的三重嵌套功能进行编程。

　　先分析第三级循环的编程。第三级循环主要完成孔的间歇进给、分次钻进。将每次钻进的终止位置定义为变量 #14，其初值为 #7－#17（安全高度－每次钻进量）。变量 #14 每变化（减 #17）一次，往下钻孔至 #14 的位置，然后快速提刀至 #14＋3 的位置（便于排屑、散热），紧接着快速下刀至 #14＋1 的位置（距离前一次的钻孔终止位置 1mm），该次的钻孔动作完成，当变量 #14 再变化一次，则重复刚才的动作，直至钻到孔底，则钻孔结束，循环也结束。分次钻孔的循环判定条件为：当 #14 大于 #26（钻深）时，进行钻孔循环，当 #14 小于等于 #26 时，钻孔循环结束。

　　由于钻中心孔不需要分次钻进，也即每次钻进量 Q（#17）＝0，可以在第三级循环前加条件转移语句，转移条件为：当 #17 等于 0 时，跳过分次钻进循环，直接进行一次钻进。

　　再分析第二级循环的编程。设列变量为 #11，将孔中心 X 坐标定义为变量 #13，#13＝#24＋[#11－1]＊#5，当列变量 #11 不断变化（加 1），则 #13 也随之变化，从而可以得到该行上每个孔的中心 X 坐标，即可完成列向钻孔的循环定位。列向钻孔循环定位的判定条件为：当 #11 小于等于 #2（列数）时，进行列向钻孔循环定位，当 #11 大于 #2 时，列向钻孔循环定位结束。

　　接着分析第一级循环的编程，设行变量为 #10，将孔中心 Y 坐标定义为变量 #12，#12＝#25＋[#10－1]＊#4，当行变量 #10 不断变化（加 1），则 #12 也随之变化，从而可以得到该列上孔的中心 Y 坐标，即可完成列向钻孔的循环定位。行向钻孔循环定位的判定条件为：当 #10 小于等于 #1（行数）时，进行行向钻孔循环定位，当 #10 大于 #1 时，行向钻孔循环定位结束。

　　整个程序执行流程如图 5-14 所示。

　　（2）变量设置

　　需要特别注意的是主程序在宏程序调用时使用了变量的参数传递，所以子程序定义变量时要避免和主程序定义的变量冲突。编程用到的具体变量的设置见表 5-6。

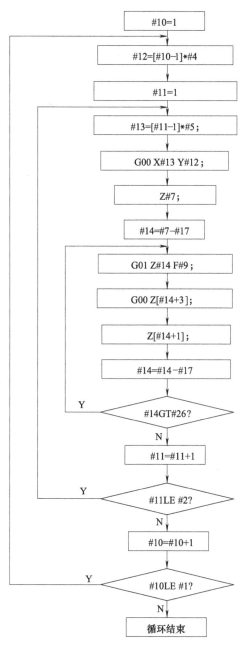

图 5-14 程序执行流程

表 5-6 变量设置

变量	表示内容	表达式	取值范围
#10	行变量	#10＝#10＋1	1~5
#11	列变量	#11＝#11＋1	1~5
#12	孔中心 Y 坐标	#12＝#25＋[#10－1]＊#4	20~60
#13	孔中心 X 坐标	#13＝#24＋[#11－1]＊#5	40~80
#14	每次钻进的终止位置	#14＝#14－#17	

（3）程序编写

编程原点如图 5-13 所示，所用刀具为 $\phi 5$ 中心钻 T01、$\phi 8$ 麻花钻 T02。T01 的长度补偿号为 H01，T02 的长度补偿号为 H02，程序编写如下。

```
O1000;                                         主程序
G91 G28 Z0;                                    机床回参考点
T01 M06;                                       换中心钻
G54 G90 G17 G40;                               调工件坐标系,初始化
M03 M08 S1200;                                 钻中心孔切削参数
G43 G00 Z50 H01;                               建立刀具长度补偿
X30 Y20;                                       快速定位到左下角第一个孔
G65 P1001 X40 Y20 A5 B5 I10 J10 R3 Z-3 Q0 F60;
                                               钻中心孔的参数传递
G00 G49 Z100;                                  取消刀具长度补偿
M05;
M09;
G91 G28 Z0;                                    机床回参考点
T02 M06;                                       换麻花钻头
M03 M08 S800;                                  钻孔切削参数
G90 G43 Z50 H02;                               建立刀具长度补偿
X30 Y20;                                       快速定位到左下角第一个孔
G65 P1001 X40 Y20 A5 B5 I10 J10 R3 Z-32 Q5 F100;
                                               钻孔的参数传递
G00 G49 Z100;                                  取消刀具长度补偿
M05;
M09;
M30;                                           主程序结束并复位
O1001;                                         子程序(单向进刀)
#10=1;                                         行变量
WHILE[#10LE#1]DO1;                             第一级循环条件
#12=[#10-1]*#4;                                Y 坐标
#11=1;                                         列变量
WHILE[#11LE#2]DO2;                             第二级循环条件
#13=[#11-1]*#5;                                X 坐标
G00 X#13 Y#12;                                 孔心定位
Z#7;                                           快速接近工件
IF[#17EQ0]GOTO1;                               条件成立,跳转到 N1 执行
```

＃14＝＃7－＃17；	分次钻进
WHILE[＃14GT＃26]DO3；	第三级循环条件
G01 Z＃14 F＃9；	钻孔
G00 Z[＃14＋3]；	快速退刀
Z[＃14＋1]；	快进至距前次钻孔位置1mm
＃14＝＃14－＃17；	钻进终止位置不断变化
END3；	第三级循环结束
N1 G01 Z＃26 F＃9；	一次钻进
G00 Z＃7；	抬刀至快进点
＃11＝＃11＋1；	列加1
END2；	第二级循环结束
＃10＝＃10＋1；	行加1
END1；	第一级循环结束
M99；	子程序结束

5.1.6　宏程序在数控铣床旋转编程中的应用

所谓旋转编程指的是把编程位置（轮廓）旋转某一角度，得到旋转之后的轮廓。具体应用的形式为：①可以将编程形状旋转某一指定的角度。②如果工件的形状由许多相同的轮廓单元组成，且分布在由单元图形旋转便可达到的位置上，则可将图形单元编成子程序，然后用主程序通过旋转指令旋转该图形单元，最终得到工件整体形状。

【例5-6】　图5-15中有四个形状完全相同的槽，用宏程序完成零件的旋转编程。

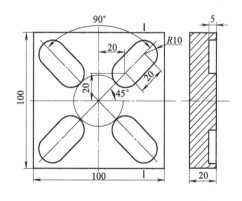

图5-15　旋转编程实例

（1）编程思路

由图5-15可知，零件上有4个完全相同的槽，其他3个槽可以分别由另外一个旋转得到。选择第一象限的槽为基本单元，将其加工程序编为子程序，使用宏程序设置循环条件,并使用旋转指令将第一象限槽分别旋转不同角度,即可得到其他象限的槽。旋转指令的编程格式在前面已经述及,这里不再赘述。

将旋转次数设为变量#1,旋转角度设为变量#2,#2=[#1]*90,当#1不断变化(加1),#2也随之变化,从而可以通过宏程序的循环功能不断调用子程序进行旋转。循环的判定条件为:当#1小于等于3(总旋转次数)时,进行旋转循环,当#1大于3时,旋转循环结束。旋转循环的程序执行流程如图5-16所示。

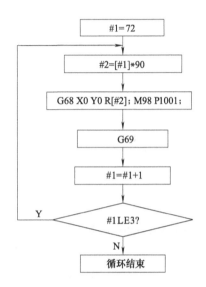

图 5-16　旋转循环程序执行流程

（2）变量设置

直接用宏变量对刀补值赋值,在程序中修改刀具半径补偿值,使用宏程序的循环功能完成环切。编程用到的具体变量的设置见表5-7。

表 5-7　变量设置

变量	表示内容	表达式	取值范围
#1	旋转次数	自变量	0~3
#2	旋转角度	#2=#1+90	0~270°

（3）程序编写

编程原点设在工件上表面中心,刀具为ϕ20的键槽铣刀,刀具长度补偿值为H01=-3mm。程序编写如下。

```
O1000;
G54 G90 G00 X0 Y0 Z100.;    调用G54坐标系,绝对值编程,刀具快速定位到起始点
M03 S800;                   主轴正转,转速800r/min
G43 H01 Z10.;               快速接近至Z10处,建立刀具长度补偿
#1=0;                       旋转次数,初值为0
```

```
WHILE[#1LE3]DO1;              循环判定条件
G68 X0 Y0 R[#2];             使用旋转功能
#2=#1+90;                    旋转角度
M98 P1001;                    调用子程序
G69;                          取消旋转
#1=#1+1;                     旋转次数不断加1
END1;                         循环结束
G49 G00 Z100.;                快速抬刀,取消刀具长度补偿
M05;                          主轴停转
M30;                          主程序结束并复位
O1001;                        子程序
G00 X20.Y20.                  快速定位至X20、Y20处
G01 Z-5.F60;                 下刀至Z-5处
G91 G01 X14.14.Y14.14 F100;  X、Y向分别增量移动14.14mm
G90 G01 Z5.;                  抬刀至Z5处
G00 X0 Y0;                    快速返回编程原点
M99;                          子程序结束
```

5.1.7 宏程序在数控铣削快速编程中的灵活应用

数控技术在工业领域的应用越来越普遍,尤其是在现代装备制造业中的地位和作用越来越显现出来。而目前数控铣削的主要难题是如何自动去余量,从而减轻编程人员的工作量和提高编程效率及机床加工效率。合理利用宏指令功能及循环、镜像、旋转、缩放功能,可实现数控手工编程的高级编程,从而解决数控铣削的快速自动去余量难题。分析了零件加工特点和宏变量设计,给出了利用宏程序在铣削内、外轮廓时的去余量编程和切槽时的简化编程实例。该方法较 CAD/CAM 自动编程更方便和灵活,有效地丰富了数控铣削编程手段,有效提升数控手工编程速度解决了困惑数控从业者的技术难题。

1. 外轮廓加工快速编程

对如图 5-17 所示的零件,这里只考虑外轮廓加工。毛坯为 150mm×150mm,而圆台的直径为 ϕ120,所以有很大的余量需要切除。这就对编程人员提出了两个问题,一是毛坯形状和零件形状不一致,如何去余量,二是如何快速编程去余量。为了去余量时不发生刀具干涉,这里把外轮廓分解为两部分,一部分是圆台,另一部分是 8 个槽,先加工圆台,再加工槽,均用宏程序快速编程。由于企业普遍使用的数控机床为 FANUC 0i 系统,为了便于企业人员掌握,这里以 FANUC 0i 系统为例来说明程序编制。刀具为直径 8mm 的键槽铣刀。

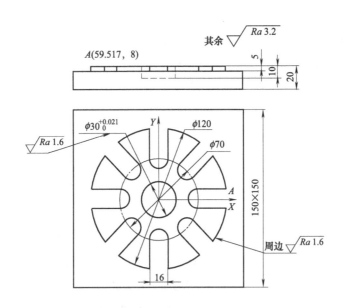

图 5-17　外轮廓编程零件

（1）圆台的加工编程

① 编程分析。由图 5-17 可知，将正方形毛坯加工成圆台，对角线方向的余量最大，单边余量为 $(150\sqrt{2}-120)/2\approx46\mathrm{mm}$，直径 10mm 的立铣刀每次单边切削量为 10mm，这样便需要进行 5 次粗加工才能去除余量，然后进行精加工，精加工余量为 1mm。粗加工仍然采用等距加工法，刀具的粗加工轨迹为等距的同心圆。先将精加工圆弧轮廓（半径为 60mm）等距一个总的偏移距离（加工余量）46mm，得到最外面的圆弧轨迹，然后由外向里加工，按零件轮廓编程，使用刀具半径补偿功能。

将切削次数设为变量♯1，初值为去掉所有余量需要的加工次数 5。将圆弧半径每次减少的步距设为变量♯2，理论上来说圆弧半径每次可以减小一个刀具直径 10mm，但这样由于机床的定位误差等因素，会使得相邻两次切削痕迹间留下残余。这样就需要相邻两次加工轨迹有重叠，所以实际切削步距要小于刀具直径，为了提高切削效率，这里设为 9.5，即♯2＝9.5。将圆弧半径设为变量♯3，初值为 106－♯2，使用宏程序的循环功能，通过改变切削次数♯1 不断改变圆弧半径♯2 即可完成零件加工。5 次粗加工的圆弧半径分别为 96.5、87、77.5、68、61，前 4 次是等距加工，最后一次粗加工等同于半精加工，给精加工留下 1mm 余量。

由于前 4 次粗加工和第 5 次粗加工的步距不一样，所以要在宏程序的循环语句里使用条件转移功能。转移的判定条件为：当♯1 大于 1 时，进行前 4 次等距粗加工循环，当♯1 等于 1 时，进行第 5 次粗加工（半精加工）循环。旋转循环的程序执行流程如图 5-18 所示。

② 变量设置。编程用到的具体变量的设置见表 5-8。

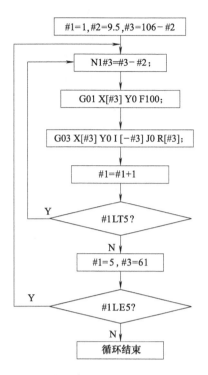

图 5-18　旋转循环程序执行流程

表 5-8　变量设置

变量	表示内容	表达式	取值范围
#1	切削次数	#1＝#1+1	1~5
#2	步距	常量	9.5
#3	圆弧半径	#3＝#3-#2	61~96.5

③ 程序编写。编程原点设在工件上表面中心，刀具为 φ10 的立铣刀，程序编写如下。

```
O1000;
G90 G54 G00 X0 Y0 Z100.;
M03 S600;
G00 Z10.;
G42 X106.Y0 D01;                建立刀具半径右补偿
G01 Z-10.F60;
#1=1;                           切削次数,初值为 1
#2=9.5;                         步距
#3=106-#2;                      圆弧半径,初值为 96.5
WHILE[#1GE5]DO1;                循环判定条件
N1#3=#3-#2;                     圆弧半径不断减小一个步距值
```

```
G01 X[#3] Y0 F100;              定位到圆弧起点
G03 X[#3] Y0 I[－#3] J0 R[#3]；  逆时针整圆切削
#1＝#1＋1;                       切削次数不断加 1
IF[#1GT5]GOTO1;                 条件成立,跳转到 N1
#1＝5;                          切削次数等于 5
#3＝61;                         圆弧半径设为 61
END1;                          循环结束
G01 X60. Y0 F50;               精加工
G03 X60. Y0 I－60. J0 R60.;
G01 Z10.;
G40 G00 X0 Y0;                 取消刀具半径补偿
Z100.;
M05;
M30;                          程序结束并复位
```

(2) 槽的加工编程

① 编程分析。8 个槽的形状和尺寸完全一样,只编写其中一个槽的加工程序,使用旋转编程功能,不断调用子程序即可实现其他 7 个槽的加工。槽宽为 16mm,这样直径 8mm 的键槽铣刀可以一次铣完(如果槽宽较大,一次铣不完,则可以参照后面所阐述的内轮廓去余量的方法),按零件轮廓编程,使用刀具半径补偿功能。

主程序将旋转次数设为变量#1,初值为 0,旋转角度设为变量#2,#2＝[#1]＊45,通过循环不断改变旋转次数即可改变旋转角度,从而实现旋转铣槽加工。循环的判定条件为:当#1 小于等于 7(总旋转次数)时,进行旋转循环,当#1 大于 7 时,旋转循环结束。

② 变量设置。编程用到的具体变量的设置见表 5-9。

表 5-9　变量设置

变量	表示内容	表达式	取值范围
#1	旋转次数	自变量	0～7
#2	旋转角度	#2＝[#1]＊45	0～315°

③ 程序编写。编程原点设在工件上表面中心,刀具为 φ8 的键槽铣刀,程序编写如下。

```
O1000;                        铣槽主程序
G90 G54;
G00 X0 Y0 Z100.;
M03 S600;
Z10.;
```

```
#1=0;                          旋转次数,初值为0
WHILE[#1LE7]DO1;               循环判定条件
#2=[#1]*45;                    旋转角度
G68 X0 Y0 R[#2];               使用循环功能
M98 P1001;                     调用子程序
G69;                           取消旋转
#1=#1+1;                       旋转次数不加1
END1;                          循环结束
G00 X0 Y0;
Z100.;
M05;
M30;                           程序结束并复位
O1001;                         铣槽子程序
G41 G00 X65.Y8.D01;            建立刀具半径左补偿
G01 Z-10.F100;
G01 X34.517;
G03 Y-8.R8.;
G01 X65.;
G01 Z10.;
G40 G00 X65.Y0;                取消刀具半径左补偿
M99;                           子程序结束
```

2. 内轮廓加工快速编程

对如图 5-19 所示的零件, 这里只考虑内轮廓加工, 外轮廓加工方法如前所述。深度

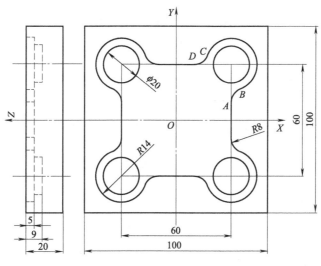

图 5-19　内轮廓编程零件

为 5 的内腔带有 4 个半径为 14 的圆耳, 如果同时编程, 则当半径补偿值大于圆弧半径时系统会发出刀具干涉报警, 从而无法继续完成去余量加工, 需要将轮廓分解编程。即将该部分内腔分解为 60mm×60mm 的正方形腔和 4 个圆耳, 分别进行去余量编程。4 个直径为 φ20 的圆孔可以在完成单孔去余量的基础上应用旋转编程功能。

(1) 正方形内腔的加工编程

① 编程分析。对于 60mm×60mm 的正方形内腔, 单边余量为 30mm, 直径为 10mm的键槽铣刀每次单边切削量为 9mm (相邻两刀之间重叠量为 1mm), 需要铣削 4 次才能去掉余量。由工件中心向外加工, 按零件轮廓编程, 使用刀具半径补偿功能。

用宏变量 #1 表示刀具补偿号, 初值为 1, 利用循环不断修改刀具补偿号完成正方形内腔去余量加工。实际加工时, 刀具半径补偿寄存器中的值应分别为 D1=24, D2=15, D3=6, D4=5。循环的判定条件为: 当 #1 小于等于 4 (最大刀补号) 时, 进行加工循环, 当 #1 大于 4 时, 循环结束。加工循环的程序执行流程如图 5-20 所示。

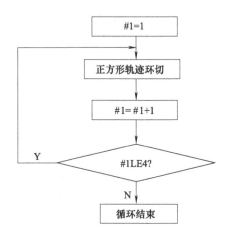

图 5-20　程序执行流程

② 变量设置。编程用到的具体变量的设置见表 5-10。

表 5-10　变量设置

变量	表示内容	表达式	取值范围
#1	刀补号	#1=#1+1	1~4

③ 程序编写。编程原点设在工件上表面中心, 刀具为 φ10 的键槽铣刀, 程序编写如下。

```
O1000;
G54 G90 G00 X0 Y0 Z100. ;
M03 S600;
Z10. ;
G01 Z-10.F60;
```

```
♯1＝1;                          刀补号变量,初值为 1
WHILE[♯1LE4]DO1;               循环判定条件
G41 G01 X30.D♯1;               建立刀具半径左补偿,刀补号使用变量
Y30.;
X－30.;
Y－30.;
X30.;
Y0;
G40 X0;                        取消刀具半径补偿
♯1＝♯1＋1;                      刀补号不断加 1
END1;                          循环结束
G00 Z100.;
M05;
M30;                           程序结束并复位
```

（2）圆耳的加工编程

① 编程分析。4 个圆耳的直径为 28，单边余量为 14，铣削 2 次即可去掉余量，先编出 $A{\rightarrow}B{\rightarrow}C{\rightarrow}D$ 部分的去余量程序，其他三部分可以使用旋转功能调用子程序实现。由作图查知，A、B、C、D 四点的坐标分别为（30，9.506）、（35.091，16.958）、（16.958，35.091）、（9.506，30），按零件轮廓编程，使用刀具半径补偿功能。

主程序将旋转次数设为变量 ♯1，初值为 0，旋转角度为 ［♯1］＊90，通过循环不断改变旋转次数即可改变旋转角度，从而实现旋转铣圆耳加工。循环的判定条件为：当 ♯1 小于等于 3（总旋转次数）时，进行旋转循环，当 ♯1 大于 3 时，旋转循环结束。

子程序用变量 ♯2 表示刀具补偿号，利用循环修改刀具补偿号完成去余量加工。实际加工时，刀具半径补偿寄存器中的值应分别为 D1＝11，D2＝4。循环的判定条件为：当 ♯1 小于等于 2（最大刀补号）时，进行加工循环，当 ♯1 大于 2 时，循环结束。

整个程序的执行流程如图 5-21 所示。

② 变量设置。编程用到的具体变量的设置见表 5-11。

表 5-11　变量设置

变量	表示内容	表达式	取值范围
♯1	旋转次数	主程序自变量	0～3
♯2	旋转角度	♯2＝［♯1］＊90	0～270°
♯3	刀补号	子程序自变量	1～2

③ 程序编写。编程原点设在工件上表面中心，刀具为 ϕ10 的键槽铣刀，程序编写如下。

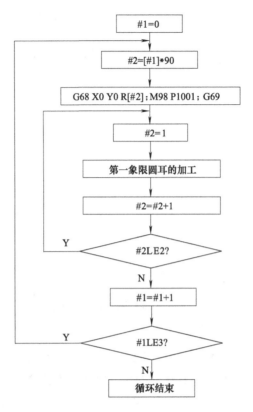

图 5-21　程序执行流程

```
O1000;                        铣圆耳主程序
G90 G54;
G00 X0 Y0 Z100. ;
M03 S600;
#1＝0;                        旋转次数,初值为 0
WHILE[＃1LE3]DO1;             循环判定条件
＃2＝[＃1]＊90;               旋转角度
G68 X0 Y0 R[＃2];            使用旋转功能
M98 P1001;                    调用子程序
G69;                          取消旋转
＃1＝＃1＋1;                  旋转次数不断加 1
END1;                         循环结束
G00 X0 Y0;
Z100. ;
M05;
M30;
```

```
O1001;                              铣圆耳子程序
G00 X30.Y30.;
#3＝1;                              刀补号变量,初值为1
WHILE[#3LE2]DO2;                    循环判定条件
G00 G41 X30.Y9.506 D#3;            建立刀具半径左补偿,刀补号使用变量
G01 Z—10.F100;
G02 X35.091 Y16.958 R8.;
G03 X16.958 Y35.091 R—14.;
G02 X9.501 Y30.R8.;
G01 Z10.;
G40 X30.Y30.;                      取消刀具半径补偿
#3＝#3+1;                          刀补号不断加1
END2;                              循环结束
G00 X0 Y0;
M99;                               子程序结束
```

（3）四个圆孔的加工编程

① 编程分析。4 个圆孔的形状和尺寸完全一样，可以通过使用旋转编程功能，不断调用子程序来实现。对于 φ20 的圆孔，单边余量为 10mm，铣削 2 次即可去掉余量，直接按刀具中心编程。

将旋转次数设为宏变量#1，初值为 0，旋转角度为 [#1]＊90，通过循环不断改变旋转角度，即可实现旋转铣槽加工。循环的判定条件为：当#1 小于等于 3（总旋转次数）时，进行旋转循环，当#1 大于 3 时，旋转循环结束。旋转循环的程序执行流程如图 5-22 所示。

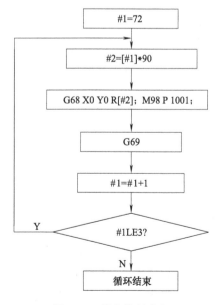

图 5-22　程序执行流程

② 变量设置。编程用到的具体变量的设置见表 5-12。

表 5-12　变量设置

变量	表示内容	表达式	取值范围
#1	旋转次数	自变量	0～3
#2	旋转角度	#2＝[#1]＊90	0～270°

③ 程序编写。编程原点设在工件上表面中心，刀具为 ϕ10 的键槽铣刀，程序编写如下。

```
O1000;                         铣圆孔主程序
G90 G54 G00 X0 Y0 Z100. ;
M03 S600;
Z10. ;
#1＝0;                         旋转次数,初值为 0
WHILE[#1LE3]DO1;               循环判定条件
#2＝[#1]＊90;                   旋转角度
G68 X0 Y0 R[#2];               使用旋转功能
M98 P1001;                     调用子程序
G69;                           取消旋转
#1＝#1＋1;                       旋转次数不断加 1
END1;                          循环结束
G00 X0 Y0;
Z100. ;
M05;
M30;                           主程序结束并复位
O1001;                         铣圆孔子程序
G00 X36. Y30. ;
G01 Z－9. F100;
G03 I－6. J0;
G01 X33. ;                     刀具中心向左偏 3mm
G03 I－3. J0;
G01 Z10. ;
M99;                           子程序结束
```

应用宏程序编制零件内外轮廓的去余量（粗加工）程序，有效解决了手工编程去余量的难题，而且编制的程序很简化，程序也具有标准型和通用性，大大减轻了编程人员的工作量，提高了手工编程的效率。宏程序去余量编程的关键是灵活确定变量，可以设定零件轮廓尺寸、刀具半径补偿号及补偿值、旋转角度等为变量，通过变量的不断循环变化，使刀具进行多次切削，从而完成去余量加工。这将对企业技术人员和数控从业者丰富编程手段和提高编程水平有很大帮助。

5.2 宏程序在数控铣床优化控制中的应用

5.2.1 基于宏程序的刀具半径补偿干涉预判及数学处理

数控铣削编程时，编程人员往往通过不断增大刀补值调用子程序实现去余量编程。这种方法在轮廓的曲率半径很大时可行，而在轮廓存在较小的曲率半径时，系统会产生刀具半径太大而干涉的报警，从而终止程序的运行。为了解决此问题，给出了方便调用的子程序编写范例。分析了刀补过程中可能发生干涉的情况，提出了刀补干涉的预判及数学处理方法，给出了应用宏程序建立刀补干涉预判机制的思路和流程，并给出了编程实例。该方法有效解决了困扰编程人员的工程技术难题。

一般来说，数控铣削编程时，零件轮廓编程比较简单，而最大的难点是如何去掉毛坯多余的材料。编程熟练的人员可以将零件轮廓编成子程序，而通过不断增加刀具半径补偿值调用子程序实现去余量加工的编程。但他们通常没有考虑到在半径补偿值增大到一定程度而超过轮廓的曲率半径时，系统会产生干涉报警而无法执行的问题。一旦出现刀具干涉报警而程序终止执行时，编程人员则束手无策，只好使机床停止工作。这对于编程人员来说则是个制约性非常大的技术难题。

1. 利用刀具半径补偿功能去除毛坯余量的思路

在轮廓铣削时，按照零件轮廓编程，将刀具半径补偿值设为实际刀具半径 ($r=5$)，则可完成零件精加工。之后将半径补偿值不断增大，即可多次通过调用零件轮廓子程序完成去余量粗加工。这样用同一编程轮廓实现了零件的粗精加工，大大简化了编程人员的工作量。

由于数控机床存在传动系统的几何误差和伺服系统的定位误差，如果使刀具中心每次相对前一位置偏移一个直径值（即相邻两次粗加工轮廓相切），则两次粗加工切削会留下残余，为了使相邻两次粗加工之间不留下残余，实际编程时的每次刀补增加值为 $\Delta=$ 刀具直径 $2r-1$。图 5-23 所示为以圆台外轮廓为例通过刀具半径补偿粗精加工的过程，图 5-24 所示为以圆腔内轮廓为例通过刀具半径补偿粗精加工的过程。

2. 方便调用的子程序编制

为了使按零件轮廓编写的子程序能被方便地反复调用，子程序需要编写得简洁明了。子程序控制的刀具只在 XY 坐标平面运动，这样避免了多次调用子程序时 Z 方向的抬刀

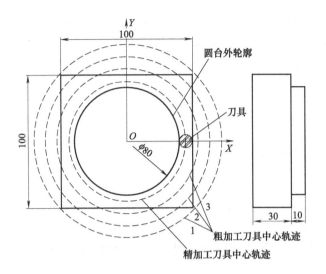

图 5-23　外轮廓去余量示意

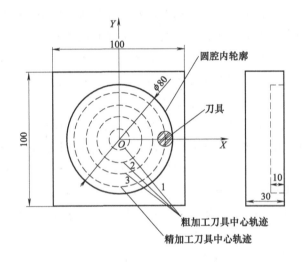

图 5-24　内轮廓去余量示意

和落刀,从而避免了刀具与工件之间可能的碰撞与干涉,增加了子程序调用的安全性,同时由于减少了刀具起落的空行程,也提高了切削效率。子程序的编写过程为:①刀补建立→②切弧切入→③轮廓切削→④切弧切出→⑤刀补撤销。

(1) 外轮廓去余量子程序

如图 5-25 所示,按照上述思路,编写子程序,注意刀补为左刀补。

```
G41 G01 X25.Y－65.;      路径①,此时不能给定刀补值 D
G03 X0 Y－40.R25.;       路径②
G02 X0 Y－40.I0 J40.;    路径③,此路径的程序由实际轮廓决定,有繁有简
G03 X－25.Y－65.R25.;    路径④
G40 G01 X0;             路径⑤
```

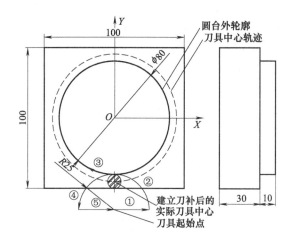

图 5-25　外轮廓子程序编写动作路径

（2）内轮廓去余量子程序

如图 5-26 所示，按照上述思路，编写子程序，注意刀补为右刀补。

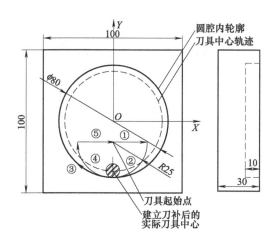

图 5-26　内轮廓子程序编写动作路径

```
G42 G01 X25 Y－15;        路径①,此时不能给定刀补值 D
G02 X0 Y－40.R25.;         路径②
G02 X0 Y－40.I0 J40.;       路径③,此路径的程序由实际轮廓决定,有繁有简
G02 X－25.Y－15.R25.;      路径④
G40 G01 X0;                路径⑤
```

3. 刀补产生干涉时的预判

前面述及的轮廓均为整圆，不存在曲率的变化，所以不需要进行刀补的干涉预判。而实际当中遇到的轮廓不可能这样单一，甚至有可能很复杂，在通过不断增大刀具半径补偿值去余量时，就可能要进行干涉预判。如图 5-27 所示轮廓，就需要在使用刀补的过程中

进行判断。如果该轮廓是圆台（如图 5-28 所示），由于轮廓有个半径为 10mm 的凹圆弧，当刀补值大于 10mm 时，系统会提示干涉，从而大于 10mm 的刀补值都无法调用，从而也就无法继续完成去余量加工。而如果轮廓是圆腔（如图 5-29 所示），半径为 10mm 的圆弧成为了凸圆弧，则不存在刀具干涉。

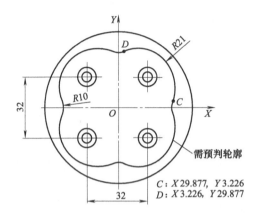

图 5-27　需要进行干涉预判的轮廓

图 5-28　外轮廓加工

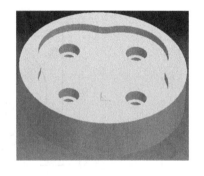

图 5-29　内轮廓加工

　　所以，在具体编程时，就要建立刀具干涉预判机制，图 5-30 所示为刀具干涉的预判流程。以 FANUC 0i 系统为例，用宏功能编写刀具干涉预判程序。

程序	说明
WHILE[刀补值 LE 轮廓最小曲率半径]DO1;	调用轮廓子程序循环判定条件
D××M98 P1;	调用零件轮廓编写的子程序
D=D+Δ;	刀补值不断递增
END1;	循环结束
WHILE[刀补值 GT 轮廓最小曲率半径]DO2;	调用去余量子程序循环判定条件
D××M98 P2;	调用数学处理后去余量轮廓编写的子程序
D=D+Δ;	刀补值不断递增
END2;	循环结束

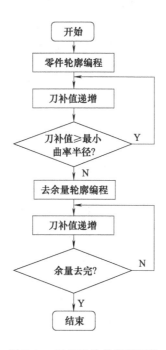

图 5-30 刀具干涉的预判流程

4. 带有预判机制的编程实例

（1）外轮廓去余量编程

对于如图 5-31 所示零件，最上面的凸台带有半径为 10mm 的凹圆弧，如果按照图 5-32 所示的理想粗加工刀具中心轨迹和表 5-13 分配的刀补值编写程序，则必然会产生干涉报警。实际编程时，必须按照图 5-33 所示的干涉预判和数学处理后的去余量方法和

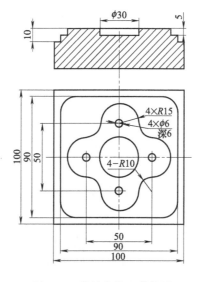

图 5-31 外轮廓编程零件图

表 5-14 分配的刀补值进行编程。先调用零件轮廓执行刀补 2 次，在干涉临界状态时，将编程轮廓处理为包络整个零件轮廓的整圆，然后执行刀补 4 次，即可去掉整个余量。这样既编程简单，又不会发生去余量干涉，具体程序编写如下。

```
O1000;                          主程序
G54 G90 G00 X0 Y0 Z100. ;
M03 S600;
G00 X0 Y－65. ;                 定位到 R25 半圆圆心
G00 Z10. ;                      快速接近工件
G01 Z－5. F50;                  下刀
#1＝0;                          定义刀补号为变量#1(干涉前,初值为 0)
WHILE[#1LE2]DO1;               循环判定条件
D#1 M98 P1001;                 给定刀补号,调取子程序
#1＝#1＋1;                     刀补号不断变化
END1;                           循环结束
#2＝2;                          定义刀补号为变量#2(干涉后,初值为 2)
WHILE[#2LE6]DO2;               循环判定条件
D#2 M98 P1002;                 给定刀补号,调取子程序
#2＝#2＋1;                     刀补号不断变化
END2;                           循环结束
G00 Z100. ;
M05;
M30;                            主程序结束并复位
O1001;                          按零件轮廓编写的子程序
G41 G01 X25. ;                  建立刀具半径左补偿
G03 X0 Y－40. R25. ;           逆时针圆弧切入
G02 X－15. Y－25. R15. ;       轮廓切削开始
G03 X－25. Y－15. R10. ;
G02 Y15. R15. ;
G03 X－15. Y25. R10. ;
G02 X15. R15. ;
G03 X25. Y15. R10. ;
G02 Y－15. R15. ;
G03 X15. Y－25. R10. ;
G02 X0 Y－40. R15. ;           轮廓切削结束
G03 X－25. Y－65. R25. ;       逆时针圆弧切出
G40 G01 Z0;                     取消刀具半径补偿
```

M99;	子程序结束
O1002;	按去余量轮廓编写的子程序
G41 G01 X25.;	建立刀具半径左补偿
G03 X0 Y－65.R25.;	逆时针圆弧切入
G02 I0 J40.;	整圆轮廓去余量
G03 X－25.Y－65.R25.;	逆时针圆弧切出
G40 G01 X0;	取消刀具半径补偿
M99;	子程序结束

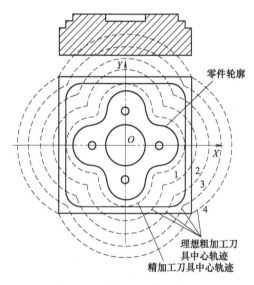

图 5-32　理想去余量加工过程

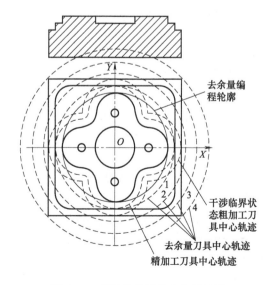

图 5-33　干涉处理后的去余量过程

表 5-13　外轮廓理想状态的刀补情况

编程轮廓	零件轮廓	零件轮廓	零件轮廓	零件轮廓	零件轮廓
刀具中心轨迹	精加工刀具中心轨迹	轨迹 1	轨迹 2	轨迹 3	轨迹 4
刀补号	1	2	3	4	5
刀具半径补偿值	5	14	23	32	41

表 5-14　外轮廓干涉预判处理后的刀补情况

编程轮廓	零件轮廓	零件轮廓	去余量编程轮廓	去余量编程轮廓	去余量编程轮廓	去余量编程轮廓
刀具中心轨迹	精加工刀具中心轨迹	干涉临界状态粗加工刀具中心轨迹	轨迹 1	轨迹 2	轨迹 3	轨迹 4
刀补号	1	2	3	4	5	6
刀具半径补偿值	5	10(轮廓最小曲率半径)	5	14	23	32

（2）内轮廓去余量编程

对于如图 5-34 所示零件，两个圆腔的编程轮廓为整圆，不需要干涉预判，而最上面的型腔带有半径为 12mm 的凹圆弧，实际编程时，图 5-35 和表 5-15 所示仅是理想情况，也必须按照图 5-36 所示的干涉预判和数学处理后的去余量方法和表 5-16 分配的刀补值进行编程。先调用零件轮廓执行刀补 2 次，在干涉临界状态时，将编程轮廓处理为正方形 *ABCD*，然后执行刀补 3 次，即可去掉整个余量。具体程序如下。

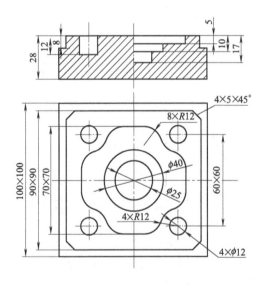

图 5-34　内轮廓编程零件图

表 5-15　内轮廓理想状态的刀补情况

编程轮廓	零件轮廓	零件轮廓	去余量编程轮廓	去余量编程轮廓	去余量编程轮廓
刀具中心轨迹	精加工刀具中心轨迹	干涉临界状态粗加工刀具中心轨迹	轨迹 1	轨迹 2	轨迹 3

编程轮廓	零件轮廓	零件轮廓	去余量 编程轮廓	去余量 编程轮廓	去余量 编程轮廓
刀补号	1	2	3	4	5
刀具半径补偿值	5	12（轮廓最小曲率半径）	5	14	23

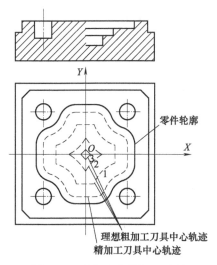

图 5-35 理想去余量加工过程

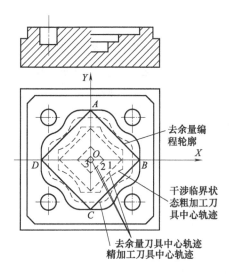

图 5-36 干涉处理后的去余量过程

表 5-16 内轮廓干涉预判处理后的刀补情况

编程轮廓	零件轮廓	零件轮廓	零件轮廓	零件轮廓
刀具中心轨迹	精加工刀具中心轨迹	轨迹 1	轨迹 2	轨迹 3
刀补号	1	2	3	4
刀具半径补偿值	5	14	23	32

```
O1000;                          主程序
G54 G90 G00 X0 Y0 Z100. ;
M03 S600;
G00 X0 Y－10. ;                 定位到 R20 半圆圆心
G00 Z10. ;                      快速接近工件
G01 Z－5. F60;                  下刀
#1＝0;                          定义刀补号为变量#1(干涉前,初值为 0)
WHILE[#1LE2]DO1;                循环判定条件
D#1 M98 P1001;                  给定刀补号,调取子程序
#1＝#1＋1;                      刀补号不断变化
END1;                           循环结束
#2＝2;                          定义刀补号为变量#2(干涉后,初值为 2)
WHILE[#2LE5]DO2;                循环判定条件
D#2 M98 P1002;                  给定刀补号,调取子程序
#2＝#2＋1;                      刀补号不断变化
END2;                           循环结束
G00 Z100. ;
M05;
M30;                            主程序结束并复位
O1001;                          按零件轮廓编写的子程序
G41 G01 X25. ;                  建立刀具半径左补偿
G02 X0 Y－35. R25. ;            顺时针圆弧切入
G01 X－7. 044;                  轮廓切削开始
G02 X－18. 522 Y－26. 5 R12. ;
G03 X－26. 5 Y－15. 522 R12. ;
G02 X－35. Y－7. 044 R12. ;
G01 Y7. 044;
G02 X－26. 5 Y15. 522 R12. ;
G03 X－18. 522 Y26. 5 R12. ;
G02 X－7. 044 Y35 R12. ;
G01 X7. 044;
G02 X18. 522 Y26. 5 R12. ;
G03 X26. 5 Y15. 522 R12. ;
G02 X35. Y7. 044 R12. ;
G01 Y－7. 044;
G02 X26. 5 Y－15. 522 R12. ;
```

```
G03 X18.522 Y-26.5 R12.;
G02 X7.044 Y-35 R12.;
G01 X0;                          轮廓切削结束
G02 X-25.Y-10.R25.;             顺时针圆弧切出
G40 G01 X0;                      取消刀具半径补偿
M99;                             子程序结束
O1002;                           按去余量轮廓编写的子程序
G42 Y-35.;                       建立刀具半径右补偿
G01 X-35.Y0;                     轮廓切削开始
X0 Y35.;
X35.Y0;
X0 Y-35.;                        轮廓切削结束
G40 Y0;                          取消刀具半径补偿
M99;                             子程序结束
```

宏程序是目前大多数主流数控系统所带有的高级语言编程功能,利用它可以扩展和丰富系统功能。在发现利用刀具半径补偿功能去余量的不足时,合理利用宏程序功能建立刀具干涉的预判机制,可以提高数控铣削编程的效率,扩展手工编程的能力,有效解决编程人员在工程实际中遇到的技术难题。

5.2.2 基于宏程序与刀补功能的切削路径优化及编程

数控加工技术是目前机械制造领域普遍采用的技术。充分掌握和利用现代数控系统的编程功能,便能提升数控从业者的编程能力,也能发挥数控机床的优越性。应用宏程序功能,实现程序的跳转和自动循环控制,使烦琐的手工编程变得简化。应用刀具补偿功能,通过不断修改刀具补偿值,使得同一编程轮廓通过子程序的不断调用,能够实现自动去余量加工。分析了刀具长度补偿与半径补偿的特点,以及通过刀具长度补偿和半径补偿去余量的方法和应用技巧。将宏程序与刀补功能结合,在刀具补偿产生干涉报警时对编程轮廓进行优化。通过加工实例,给出了数控铣削加工自动去余量的刀补设置及优化编程范例。通过程序的仿真运行,表明这种方法能够扩展和优化手工编程,从而提高数控从业者的编程能力。

虽然现在的数控系统都提供有丰富的宏程序功能、子程序调用功能和刀具长度与半径补偿功能,但是,目前的数控从业者对上述功能并不能很好地掌握和应用,从而只能编写出简单而又烦琐的程序。这将限制数控从业者的数控编程技能,也使得数控机床不能充分发挥功能及优越性,从而使得数控加工技术的手段不够丰富、自动化程度不高、生产率较低。数控编程人员灵活掌握和应用现代数控系统的编程技巧,具备较高的编程技能便显得很有必要。

1. 刀补功能与宏程序的分析

(1) 刀具长度补偿功能与宏程序

① 刀具长度补偿的作用。刀具长度补偿功能一般用于刀具轴向（Z 向）的补偿。使用刀具长度补偿功能，在编程时就不必考虑刀具的实际长度了，在程序执行时，根据刀具长度的实际情况，使刀具在 Z 方向上的实际位移量比程序给定值增加或减少一个偏置量，从而满足加工要求。

② 刀具长度补偿编程指令。

指令格式：G43/G44 G00/G01 Z __ H __;

　　　　　…

　　　　　G49 G00/G01）Z __;

刀具长度补偿的执行效果如图 5-37 所示，G43 为刀具长度正向补偿，执行时是将由 H 指定的补偿量（Z 向偏移量）值加到坐标值（绝对方式）或位移值（增量方式）上。G44 为刀具长度负向补偿，执行时是从坐标值（绝对方式）或位移值（增量方式）减去偏移量 H 值。H 为刀具长度补偿代号（H00～H99），补偿量存入由 H 代码指定的寄存器地址中。取消刀具长度补偿用 G49 或 H00（默认长度补偿值为零）。

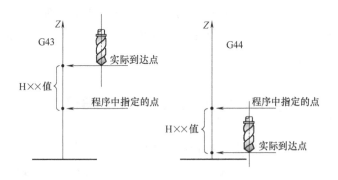

图 5-37　刀具长度补偿执行效果

③ 刀具长度补偿的应用。当由刀具磨损等原因引起刀具长度尺寸变化时，只要修正刀具长度补偿量，而不必调整程序或刀具，即可加工出符合尺寸要求的零件。也可利用刀具长度补偿量的不断变化，用同一个程序实现工件 Z 方向的去余量加工和精加工，而不需要编多个程序。此时需要用宏指令编写 Z 向分层多次切削的循环程序。具体如下：

#1＝1;	定义刀具长度补偿号为自变量
WHILE[#1LEn]DO1;	给定循环条件
N1 H[#1] G01 Z __ F __;	通过长度补偿值的不断变化,实现 Z 向分层切削
…	循环执行内容
#1＝#1+1;	刀具长度补偿号不断变化
END1;	循环结束

（2）刀具半径补偿功能

① 刀具半径补偿的作用。数控铣床或加工中心在加工过程中，它所控制的是刀具中心轨迹，而为了编程方便（避免计算刀具中心轨迹）起见，编程人员通常是直接按零件图样上的轮廓尺寸编程，同时指定刀具半径和刀具中心偏离编程轮廓的方向，在执行程序时，数控系统会控制刀具中心自动偏移零件轮廓一个半径值进行加工，从而保证加工出的零件合格。刀具半径补偿的执行效果如图 5-38 所示。

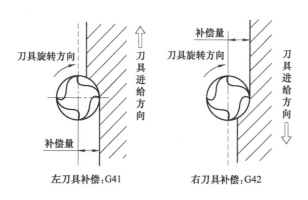

图 5-38　刀具半径补偿的执行效果

② 刀具半径补偿编程指令。

指令格式：G41/G42 G00/G01 X ＿ Y ＿ D ＿；

…

G40 G00/G01 X ＿ Y ＿；

如图 5-38 所示，G41 为刀具半径左补偿，执行时刀具中心偏向零件轮廓前进方向的左侧，G42 为刀具半径右补偿，执行时刀具中心偏向零件轮廓前进方向的右侧，G40 取消刀具半径补偿。D 为刀具半径补偿代号（D00～D99），补偿量存入由 D 代码指定的寄存器地址中。

③ 刀具半径补偿的应用。通过刀具半径补偿值的灵活设置，可以实现同一编程轮廓的多次去余量粗加工和精加工。

当工件在 XY 方向有较大余量时，可以设置多个刀具半径补偿值（由大到小），控制铣刀从外向里（如图 5-39 所示）或从里向外（如图 5-40 所示）逐次进行去余量粗加工，最后将补偿值设为刀具半径值即可实现精加工，从而大大简化编程。

④ 刀具半径补偿的干涉预判。从理论上来说，刀具半径补偿值可以设得足够大，从而去掉粗加工的所有余量，但是实际使用时，如果刀补值超过零件轮廓上最小的凹轮廓曲率半径，系统会发出刀具干涉报警而停止工作。所以在具体应用刀具半径补偿功能去余量时，必须进行干涉预判。对于同一编程轮廓，如果加工的是凸台外轮廓（如图 5-41 所示），则半径为 $R10$ 的圆弧为凹轮廓，去余量时最大半径补偿值不能超过 10。如果加工的是凹腔内轮廓（如图 5-42 所示），则半径为 $R21$ 的圆弧为凹轮廓，去余量时最大半径补偿值不能超过 21。

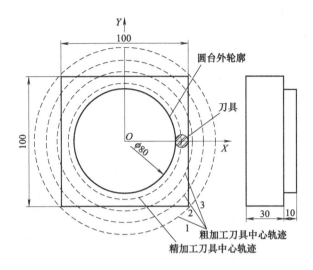

图 5-39　外轮廓通过刀补去余量

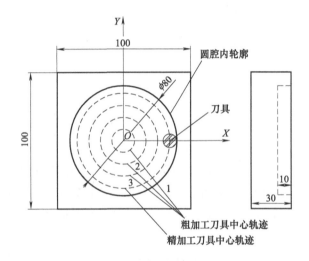

图 5-40　内轮廓通过刀补去余量

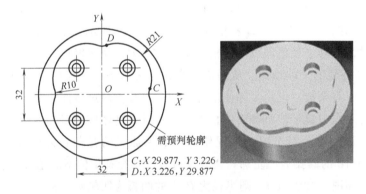

图 5-41　凸台外轮廓干涉预判

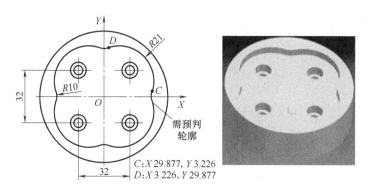

图 5-42　凹腔内轮廓干涉预判

这也就是说，在应用刀具半径补偿功能编写自动去余量的程序时，如果零件轮廓上存在曲率较大的圆弧轮廓，则必须进行刀具的干涉预判及切削路径优化。以 FANUC 0i 系统为例，用数控系统的宏功能编写刀具干涉预判程序。

♯1＝干涉前刀具半径补偿号；	
♯2＝轮廓最小曲率半径对应补偿号；	
WHILE[♯1 LE ♯2]DO1；	调用轮廓子程序循环判定条件
D♯1 M98 P1001；	调用子程序 1001
♯1＝♯1＋Δ；	刀补值不断递增
END1；	循环结束
♯3＝干涉后刀具半径补偿值；	
♯4＝最大刀补值；	
WHILE[♯3 LE ♯4]DO2；	调用去余量子程序循环判定条件
D♯3 M98 P1002；	调用子程序 1002
♯3＝♯3＋Δ；	刀补值不断递增
END2；	循环结束
O1001；	零件轮廓子程序
…；	子程序内容
M99；	子程序结束
O1002；	数学处理后去余量子程序
…；	子程序内容
M99；	子程序结束

2. 刀补功能与宏程序的综合应用

对于数控铣床来说，每次只能手动安装一把刀，如果用该刀完成整个零件的加工，则刀具的直径不能太大，否则会使得曲率半径小的轮廓无法加工。而当刀具的直径太小时，又需要在零件的轮廓方向和高度方向多次走刀才能去掉余量，最终完成精加工。这就需要通过子程序调用不断改变刀具长度补偿值和半径补偿值，完成内外轮廓的自动去余量粗加工及精加工编程。下面以图 5-43 所示零件为例分析其外内轮廓加工时的刀补干涉情况，说明如何进行干涉的预判和干涉时如何对编程轮廓进行优化处理后接着通过刀补进行粗加工去余量。

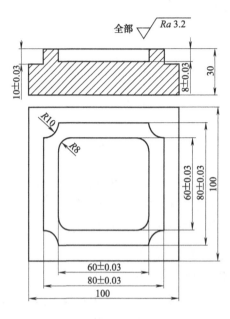

图 5-43　编程零件图

（1）刀具半径补偿干涉时的切削路径优化

对于凸台外轮廓来说，半径为 10mm 的圆弧为凹圆弧，则在用零件轮廓编程去余量的过程中，当刀补值大于 10mm 时，系统会发出干涉报警，从而无法继续完成去余量的加工。此时必须将零件轮廓处理成去余量轮廓，通过不断调用子程序从而去除毛坯余量，具体如图 5-44 所示。对于凹腔内轮廓来说，半径为 8mm 的圆弧为凹圆弧，则当刀补值大

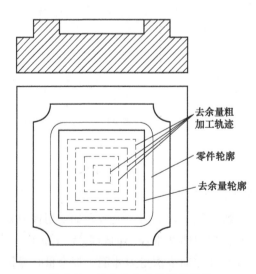

图 5-44　凸台的去余量路线优化

于 8mm 时，系统会发出干涉报警而停止工作，也需要将编程轮廓处理成去余量轮廓编程，从而顺利完成去除剩余毛坯的加工，具体如图 5-45 所示。

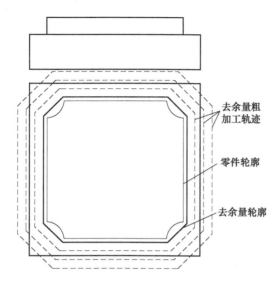

去余量粗
加工轨迹

零件轮廓

去余量轮廓

图 5-45　凹腔的去余量路线优化

（2）刀具补偿值设置

分析零件图，确定毛坯尺寸为 100mm×100mm×30mm，选用直径为 ϕ10、长度为 100mm 的立铣刀（切削刃过中心）。零件的轮廓尺寸和高度方向都有精度要求，所以内外轮廓均需要粗加工去余量，然后再进行精加工。凸台的高度较大，Z 向需要分两层粗加工，然后精加工，凹腔粗精加工各一次。每层铣削时，先通过不断改变刀补值，调用去余量子程序去除 XY 面上的余量，再调用轮廓精加工子程序完成精加工。由于轮廓对角方向的余量最大，所以按对角余量确定粗加工次数，见表 5-17。内外轮廓粗精加工安排及补偿值设定分别如表 5-18 和表 5-19 所示。

表 5-17　凸台、凹腔粗精加工余量及加工次数

加工内容	Z 向背吃刀量/mm	长度补偿号	长度补偿值/mm	半径补偿号	半径补偿值/mm	对角每次切削宽度（单边）/mm
凸台分层粗铣	5	H1	5	D1、D2、D3、D4	23、14、5、5	2.21、9、10、4.91
	4.8	H2	0.2	D1、D2、D3、D4	23、14、5、5	2.21、9、10、4.91
凸台精铣	0.2	H3	0	D1、D2、D3、D4	23、14、5、5	2.21、9、10、4.91

表 5-18　凸台粗精加工安排及补偿值设定

加工内容	高度方向余量/mm	高度方向工次数	XY 面粗加工对角单边余量/mm	XY 面精加工对角单边余量/mm	XY 面粗加工次数	XY 面精加工次数
凸台 Z 向粗加工	9.8	2	21.21	4.91	3	1
凸台 Z 向精加工	0.2	1	21.21	4.91	3	1

续表

加工内容	高度方向余量/mm	高度方向工次数	XY面粗加工对角单边余量/mm	XY面精加工对角单边余量/mm	XY面粗加工次数	XY面精加工次数
凹腔 Z 向粗加工	7.8	1	35.36	3.76	4	1
凹腔 Z 向精加工	0.2	1	35.36	3.76	4	1

表 5-19 内腔粗精加工安排及补偿值设定

加工内容	Z 向背吃刀量/mm	长度补偿号	长度补偿值/mm	半径补偿号	半径补偿值/mm	对角每次切削宽度(单边)/mm
凹腔粗铣	7.8	H4	0.2	D1、D2、D3、D4、D5	32、23、14、5、5	7.36、9、9、10、3.76
凹腔精铣	0.2	H5	0	D1、D2、D3、D4、D5	32、23、14、5、5	7.36、9、9、10、3.76

（3）程序编写

以工件上表面的中心作为工件坐标系原点，以 FANUC 0i 系统为例，利用宏程序的嵌套编写内外轮廓高度和轮廓方向的粗精加工程序。子程序分别实现刀具在 XY 面上沿去余量轮廓和零件轮廓的进给。主程序通过宏循环使刀补值不断变化及子程序的分别调用，实现 Z 向分层铣削及 XY 面去余量粗加工及轮廓精加工。

① 凸台程序编写。Z 向编程值为 -10，通过长度刀补值控制下刀高度实现 Z 向分层铣削。

```
O1000;                          主程序
G40 G49 G80 G90;                初始化
G54 G00 X0 Y-70 Z100.;          调用G54坐标系,刀具快速定位到起始点
M03 S800;                       主轴正转,转速 800r/min
M08;                            开切削液
Z5.;                            快速接近工件至上方 5mm 处
#1=1;                           定义刀具长度补偿号变量
WHILE[#1LE3]DO1;                长度补偿号不断变化,Z 向分层粗精加工
G43 H[#1] G01 Z-10.F60;         下刀,加正向补偿,分层粗加工 2 次
#2=1;                           定义刀具半径补偿号变量
WHILE[#2LE3]DO2;                当半径补偿号为 D1~D3 时,去余量粗加工
D[#2] M98 P1001;                改变刀补号,不断调用去余量粗加工子程序
#2=#2+1;                        半径补偿号变量不断加 1
END2;                           去余量粗加工循环结束
#2=4;                           定义刀具半径补偿值为刀具半径
D[#2] M98 P1002;                调用轮廓精加工子程序
END1;                           Z 向分层粗精加工循环结束
G00 Z100.;                      快速抬刀
M05;                            主轴停
M30;                            主程序结束并复位
```

```
O1001;                        凸台粗加工去余量子程序
G41 G01 X0 Y-40.;             建立刀具半径左补偿
X-30.;
X-40. Y-30.;
Y30.;
X-30. Y40.;
X30.;
X40. Y30.;
Y-30.;
X30. Y-40.;
X0;
G40 G00 X0 Y-70.;            取消刀具半径左补偿
M99;                          子程序结束并返回主程序
O1002;                        凸台轮廓精加工子程序
G41 G01 X0 Y-40.;             建立刀具半径左补偿
X-30.;
G03 X-40. Y-30. R10.;
G01 Y30.;
G03 X-30. Y40. R10.;
G01 X30.;
G03 X40. Y30. R10.;
G01 Y-30.;
G03 X30. Y-40. R10.;
G01 X0;
G40 G01 Y-70.;              取消刀具半径左补偿
M99;                          子程序结束并返回主程序
```

② 凹腔程序编写。Z 向编程值为 -8，通过长度刀补值控制下刀高度实现 Z 向分层铣削。

```
O2000;                        主程序
G40 G49 G80 G90;             初始化
G54 G00 X0 Y0 Z100.;         调用 G54 坐标系,刀具快速定位到起始点
M03 S800;                    主轴正转,转速 800r/min
M08;                          开切削液
Z5.;                          快速接近工件至上方 5mm 处
#1=4;                         定义 z 向粗加工刀具长度补偿号
G43 H[#1] G01 Z-8. F60;      下刀,加正向补偿,z 向粗加工 1 次
```

```
#2=1;                          定义刀具半径补偿号变量
WHILE[#2LE4]DO2;               当半径补偿号为 D1~D4 时,去余量粗加工
D[#2]M98 P1001;                改变刀补号,不断调用去余量子程序
#2=#2+1;                       半径补偿号变量不断加 1
END2;                          去余量粗加工循环结束
#2=5;                          定义刀具半径补偿值为刀具半径
D[#2]M98 P1002;                调用轮廓精加工子程序
G00 Z100.;                     快速抬刀
M05;                           主轴停
M30;                           主程序结束并复位
O1001;                         凹腔粗加工去余量子程序
G42 G01 X0 Y-25.;              建立刀具半径右补偿
X-25.;
G01 Y25.;
G01 X25.;
G01 Y-25.;
G01 X0;
G40 G01 X0 Y0;                 取消刀具半径右补偿
M99;                           子程序结束并返回主程序
O1002;                         凹腔轮廓精加工子程序
G42 G01 X0 Y-30.;              建立刀具半径右补偿
X-22.;
G02 X-30. Y-22. R8.;
G01 Y22.;
G02 X-22. Y30. R8.;
G01 X22.;
G02 X30. Y22. R8.;
G01 Y-22.;
G02 X22. Y-30. R8.;
G01 X0;
G40 G01 X0 Y0;                 取消刀具半径右补偿
M99;                           子程序结束并返回主程序
```

(4) 程序仿真运行

在斯沃仿真软件上,进入 FANUC 0i 系统,分别设置刀具长度和半径补偿值,并通过对刀建立工件坐标系,然后运行程序,凸台和凹腔的刀补设置及仿真运行结果分别如图 5-46 和图 5-47 所示。仿真运行结果表明,宏程序循环使刀具长度与半径补偿值不断变化,

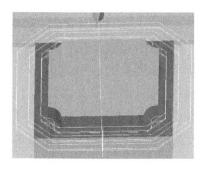

图 5-46　凸台刀补设置及仿真运行结果

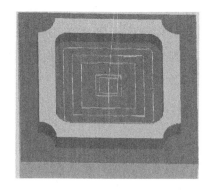

图 5-47　凹腔刀补设置及仿真运行结果

通过调用子程序，完成了自动分层铣削及每层的粗精加工。这样，既避免了粗加工时的刀补干涉而实现去余量加工，又保证了零件的加工精度，达到了优化切削路径和简化编程的目的。

现在的数控系统有很丰富的宏程序指令，可以实现运算、条件转移及循环控制功能；有刀具补偿指令，可以实现刀具的长度补偿（或偏移）及半径补偿（或偏移）；有子程序功能指令，可以在需要时实现某段轮廓的反复调用。如果能够把上述功能合理综合利用，就可以实现零件在高度方向和轮廓方向的自动去余量编程，而且能进行刀补时的干涉预判和切削路径优化，还能有选择地调用子程序分别完成粗加工和精加工而避免刀具干涉。这样可以丰富编程的手段，充分发挥数控系统的功能，还能简化编程，扩展和优化手工编程，使得手工编程的功能甚至超过自动编程，达到事半功倍的效果。

5.2.3　基于宏程序的刀具长度自动测量

加工中心在刀库上通常有会多把刀具，而这些刀具的长度难免会有差异。具体使用时，操作者只要知道每把刀具相对标刀的长度差异，就可以只用标刀对刀，而对其他刀进行长度补偿即可。这样不需要根据每把刀的长度来确定编程值，可以简化程序编制。分析了跳转功能和宏指令功能的使用方法及特点，提出了应用数控系统的跳转功能和宏指令功能进行长度补偿值的自动测量的方法和步骤，并编制了具体的测量程序。实验表明，这种方法可以准确地自动测量出刀具的长度补偿值，并存储在系统的长度补偿寄存器中，从而使得刀具长度补偿的建立操作快捷、高效，方便了机床操作人员的使用。

加工中心是带有刀库和自动换刀装置的数控机床，零件一次装夹就可完成铣、钻、镗、扩、铰等多道工序。而不同的刀具就会有长度的差异，必须知道每把刀的长度，才能在使用中运用刀具长度补偿功能。常规的方法是采用机外对刀仪测量每把刀的长度，这就必须专门购买机外对刀仪，必然会增加成本，而平时不使用时又会造成资源的闲置和浪费。除此之外，也可以使用试切法确定实际刀具与标刀之间的长度差异，但这种方法确定的刀具长度值不够精确，而且每把刀的长度测量都需要进行手动操作试切，会很烦琐，而且增加了对刀的辅助时间，降低了整个零件加工的效率。应用宏程序编制刀具长度的在线自动测量程序，就可以简便地确定出每把刀具的长度补偿值，直接存入其补偿寄存器中，从而使得刀具长度补偿的建立操作快捷、高效。下面以 FANUC 0i 系统为例来说明。

1. 跳转指令的应用

（1）跳转指令的功能

G31 跳转指令主要用于和数控机床上的测量传感器一起使程序的执行发生跳转。G31 指令一般用于自动测量时的跳转，需要外部输入信号来触发，输入信号的地址是 X4.7（信号名 SKIP）。程序执行时，如果没有 SKIP 信号输入，则 G31 和 G01 的作用完全一样。如果 SKIP 信号由 "0" 置 "1"，则在 SKIP 信号置 "1" 的位置中止现行程序段的执行，并清除剩余的运动量，而转去执行下一个程序段，并将 4 个进给轴的当前坐标值存储在 #5061～#5064 这 4 个系统变量中，供刀具长度测量程序在自动计算刀具长度补偿时调用。

（2）跳转指令的格式

指令格式：G31 Z __ ；

G31 为非模态指令，Z 后数值为未跳转时 Z 轴的指令位置。

如图 5-48 所示，在执行 G31G91X100.0；Y50.0；时，如果没有跳过信号，则按图中的虚线执行，即按程序指令位置执行，如果跳过信号有效，则按图中实线执行，而剩余运动量不再执行。

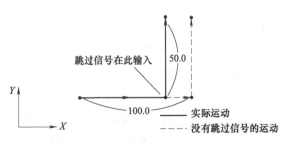

图 5-48   G31 跳转功能的执行

2. 宏指令的功能及应用

（1）宏指令的功能

可以利用宏功能对数控系统的控制功能进行二次开发，实现工件的自动计数、自动刀具补偿和刀具管理等功能。

（2）宏变量的使用

FANUC 0i 系统宏变量的类型如表 5-20 所示。通常在编写一般宏程序时只用局部变量实现赋值和运算即可，但在用于读写 CNC 运行过程中各种数据时，就需要用到系统变量。系统变量有只读的，也有可读写的。比如 #3901 是用于已加工零件计数的，如果在 MDI 方式下输入 #3901=100，然后执行，则已加工零件的计数就变成 100 了。系统变量有很多功能，用系统变量可以读写刀具补偿值，在编写刀具长度自动测量时用到的系统变量如表 5-21 所示。

表 5-20　FANUC 0i 系统的宏变量

变量号	变量类型	功　　能
#0	空变量	该变量总是空，没有任何值能赋给该变量
#1~#33	局部变量	局部变量只能用在宏程序中存储数据，例如运算结果。 当断电时局部变量被初始化为空，调用宏程序时自变量对局部变量赋值
#100~#199	公共变量	公共变量在不同的宏程序中的意义相同，当断电时变量 #100~#199 初始化为空变量
#500~#999	公共变量	#500~#999 的数据保存即使断电也不丢失
#1000~	系统变量	系统变量用于读和写 CNC 运行时各种数据的变化，例如刀具的当前位置和补偿值等

表 5-21　与刀具补偿值有关的系统变量

补偿号	刀具长度补偿值（H）		刀具半径补偿（D）	
	外形补偿	磨损补偿	外形补偿	磨损补偿
1	#11001(#2201)	#10001(#2001)	#13001	#12001
⋮	⋮	⋮	⋮	⋮
200	#11201(#2400)	#10201(#2200)	⋮	⋮
⋮	⋮	⋮	⋮	⋮
400	11400	10400	#13400	#12400

实际应用时，具体要用到的系统变量数可根据所使用的刀具数及刀补数确定，有时还要将刀具长度分为与外形有关的补偿和与刀具磨损有关的补偿，这样需要的系统变量数就会多。而当刀库容量小或者需要的刀补数少时，只使用变量 #2001~#2400 就足够了。

在使用跳转功能时，还需要获取刀具当前位置信息，所以还需要用到与位置信息有关的系统变量，如表 5-22 所示。

表 5-22   与位置信息有关的系统变量

变量号	位置信息	坐标系	刀具补偿值	运动时的读操作
♯5001～5003	程序段终点	工件坐标系	不包含	可能
♯5021～5023	当前位置	机床坐标系	包含	不可能
♯5041～5043	当前位置	工件坐标系	包含	不可能
♯5061～5063	跳转信号位置	工件坐标系	包含	可能
♯5081～5083	刀具长度补偿值			不可能
♯5101～5103	伺服位置偏差			不可能

表 5-22 中第 1 位代表轴号（从 1 到 3）。如前所述，当 G31 程序段中跳转信号接通时，刀具位置就会自动存储在系统变量♯5061～5063 中，当 G31 程序段中跳转信号接未通时，这些变量中存储指定程序段的终点值。

3. 刀具长度自动测量

（1）测量步骤及注意事项

为了自动获取刀具长度补偿值，用宏程序编制使用接触式传感器自动测量刀具长度补偿值的程序，如图 5-49 所示。

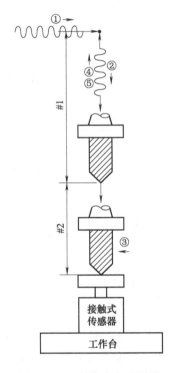

图 5-49   刀具长度自动测量

具体测量动作如下：

① 在 XY 面上将刀具快速定位到测量位置上。

② 给定当前刀具长度补偿值。

③ Z 轴向下移动 ♯1 的距离（移至测量趋近点）。

④ 使用 G31 跳转功能，使 Z 轴向下移动 2＊♯2 的距离。

⑤ 进行长度补偿值测量，随后 Z 轴返回测量起始点。

系统自动计算刀具长度补偿量，写入相应的刀具补偿存储器中。

这里需要注意的是，存储在系统变量♯5063 中的 Z 轴的跳转信号位置是读取跳转信号时的指令位置。而机床的伺服系统都存在伺服位置偏差量，在确定跳转信号位置时，必须考虑伺服位置偏差量。从系统自动读取的跳步位置减去伺服位置偏差量，即可求出正确的跳转信号位置。

通常跳转功能在进给速度倍率模式时无效，在计算伺服位置偏差量时，按如下公式进行。

$$伺服位置偏差量 = \frac{进给速度(mm/min)}{60} \times \frac{1}{伺服回路增益}$$

伺服回路增益由 1825 号参数中得到。

进给跳转时，系统会自动读取诊断画面显示的伺服位置偏差量。伺服位置偏差的诊断号为 300 号。从上面公式可以看出，改变跳转进给功能的进给速度时，伺服位置偏差量也会发生变化。

（2）测量程序的调用

这里使用非模态调用指令 G65，其调用格式为

```
G65 P __ L __＜自变量表＞；
```

P 为被调用的程序号，L 为重复调用次数，自变量表为传递到宏变量的数据内容。

（3）测量程序编写

① 调用程序编写

```
G65 P1001 Hh；
```

H 为刀具长度补偿号（♯11）。

② 测量宏程序编写

```
O1001；
♯20＝♯4001；          G00、G01、G02、G03 等模态信息
♯21＝♯4003；          G90、G91 等模态信息
♯22＝♯4109；          F 代码
♯1＝300；             原点与趋近点的距离
♯2＝100；             传感器与趋近点的距离
G91 G28 Z0；
♯4＝♯5003；           存机床原点的绝对坐标值(在工件坐标系中)
```

```
    G00 G90 G53 X200.0 Y150.0;        在机床坐标系中使 X、Y 轴快速定位到传感器上方
    G91 G43 Z—#1 H#11;               Z 轴快速下移 # 1 的距离到趋近点,长度补偿有效
    #5=#5003—#2;                     计算传感器表面绝对坐标值(在工件坐标系中)
    G31 Z—[#2 * 2] F100;             使用跳转功能测量
    G00 G90 G49 Z#4;                  Z 轴退回测量起始点(机床原点)
    #6=#5063—#[11000+#11];          接触到传感器时的绝对坐标(在工件坐标系中)
    IF[#6LE[#5—#2]]GOTO8;          若刀具长度不够没接触到传感器,则转到 N8
    #[11000+#11]=#5063—#5;          求刀具长度补偿值,存入补偿号 # 11 对应的系统
                                       变量#[11000+#11]中
    G#20 G#21 F#22;                  读取当前模态代码信息
    N8#3000=1;                       无法测量
    M99;                              子程序结束
```

(4) 实验过程

为了验证程序自动测量的正确性,编制确认程序进行验证。如图 5-50 所示,将接触式传感器固定在机床工作台上,其中心在机床坐标系中的位置为 X200、Y150,将其检测接口与 PLC 的输入端连接,输入信号 (SKIP) 的地址是 X4.7。加工中心上安装有两把刀,1 号刀的长度为 100,2 号刀的长度为 120。先将 1 号刀换到主轴上,作为标刀进行对刀,以传感器上表面为 Z 向零点,再将 2 号刀换到主轴上,用测量宏程序通过实验测量 2 号刀的长度补偿值。实验过程中,数控系统得到 PLC 的触发信号,即 SKIP 信号由 "0" 置 "1" 时,G31 指令便会发生跳转,紧接着由测量宏程序自动完成 2 号刀具长度补偿值的测量及存储。按下面的步骤进行实验并验证测量结果的准确性。

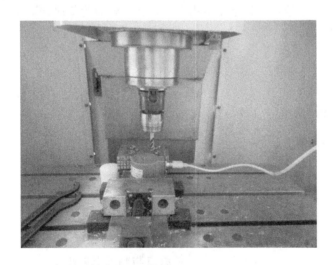

图 5-50 刀具长度测量实验现场

① 在 1 号刀具长度补偿地址中,输入测量前的刀具长度补偿量 100.0。

② 执行下列程序,确认动作。

```
O1000 ;
G91 G28 X0 Y0 Z0;
G92 X0 Y0 Z400.0;
G65 P1001 H1;
M30;
```

③ 用 G31 指令 Z 轴下降时，当刀具接触到传感器表面时，输入跳转信号。

④ 程序结束后，查看刀具补正画面，如图 5-51 所示，1 号长度补偿地址中设定的刀具长度补偿量为 20。

（5）结果分析

① 测量起点绝对位置 ♯4＝400；

② 趋近点绝对位置 ♯4－♯1＝100；

③ 传感器表面绝对位置 ♯5＝♯5003－♯2＝100－100＝0；

④ 由于 2 号刀比 1 号刀长 20，刀具接触到传感器时的跳转位置 ♯5063＝20；

⑤ 刀具长度补偿值 ♯[11000＋♯11]＝♯5063－♯5＝20。

通过分析，刀具长度补偿值应为 20，而实验得出的 1 号长度补偿地址中设定的刀具长度补偿量也为 20，理论分析与实验结果相吻合。

实验过程和结果说明这种方法的正确性和可行性，用宏功能编制程序实现刀具长度补偿量的自动测量，不需要购买专门的对刀仪，既节省了成本，又方便机床操作者使用，可以广泛应用在加工中心刀具自动换刀时的刀具长度补偿设置中。

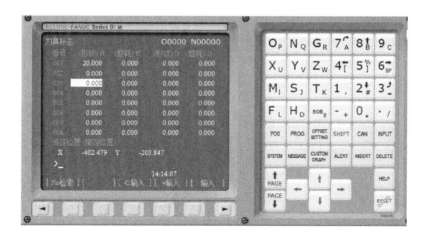

图 5-51　刀具长度补偿值的自动测量结果

［1］ 刘蔡保. 数控车床编程与操作. 2 版. 北京：化学工业出版社，2019.

［2］ 蒙斌. 数控原理与数控机床. 2 版. 北京：化学工业出版社，2021.

［3］ 蒙斌. 数控机床编程及加工技术. 北京：机械工业出版社，2019.